数学ガールの秘密ノート
確率の冒険

# 數學女孩
# 秘密筆記

## 機率篇

日本數學會出版貢獻獎得主
**結城浩**———著

前師範大學數學系教授兼主任
**洪萬生**———審訂

**衛宮紘**———譯

# 獻給你

本書將由米爾迦、蒂蒂、由梨和「我」四人，展開一連串的數學對話。

若有摸不著頭緒的故事情節或者看不懂的數學式，請先略過並繼續閱讀，用心去傾聽女孩們的對話。

用心傾聽，你就也能加入這場數學對話中。

## 登場人物介紹

「我」

高中生，本書的敘述者。

喜歡數學，尤其是數學公式。

由梨

國中生，「我」的表妹。

總是綁著栗色馬尾，喜歡邏輯思考。

蒂蒂

「我」的高中學妹，是位精力充沛的「元氣少女」。

俏麗短髮及閃亮大眼是她吸引人的特點。

米爾迦

「我」的高中同班同學，是位擅長數學的「健談才女」。

留著一頭烏黑亮麗的秀髮，配戴金屬框眼鏡。

C O N T E N T S

# 序章

> 我總是佇立在道路的盡頭。
>
> ——高村光太郎《道程》

不知道未來會如何，
我不知道未來會如何，
更不曉得會發生什麼事情。

我每天都會抽張卡。
雖然不曉得會抽出什麼卡，
但我仍然堅持著抽出卡牌，
抽出名為「今天」的卡。

即便前方沒有道路，我仍然會邁步向前。
正因為充滿未知，所以更要勇往直前，
這樣才值得稱作冒險。
朝著未知的冒險出發吧！

第 1 章

# 機率 $\frac{1}{2}$ 之謎

「把硬幣投擲出去 1 次，會出現正面還是反面呢？」

## 1.1 由梨的疑問

由梨：「呀呵，哥哥，來玩吧！」

我：「妳總是這麼有精神耶。」

由梨：「哼哼——」

　　我是高中生，**由梨**則是我就讀國中的表妹。我們從小就玩在一起，她習慣稱呼我為「哥哥」。

　　每到假日，她就會來我家串門子。

由梨：「前幾天看電視的時候，我遇到了一個讓我想不通的地方。」

我：「想不通的地方？」

由梨：「那個，我在電視上聽到：

因為發生機率為 1 ％，所以每 100 次就會發生 1 次！

……這樣的說法。」

我：「這是在說什麼發生的機率？」

由梨：「不太記得了，好像是在討論什麼事故吧。」

我：「討論事故？」

由梨：「我無法理解『因為機率為 1 %，所以每 100 次會發生 1 次』這個說法！」

我：「妳是哪個地方不懂呢？」
　　我拋出問題後，由梨便積極地講了起來。

由梨：「如果說『因為機率為 1 %，所以每 100 次會發生 1 次』，不就表示『投擲硬幣 2 次，一定會擲出正面』嗎！」

我：「Stop，話題跳太快了。投擲硬幣是……？」

由梨：「投擲硬幣擲出正面的機率不是 $\frac{1}{2}$ 嗎？」

我：「唉，沒錯。投擲硬幣擲出正面的機率是 $\frac{1}{2}$，或者說成是 0.5、50 %。」

由梨：「這不就表示『投擲硬幣 2 次會擲出 1 次正面』？但這不是很奇怪嗎？」

我：「原來如此。妳能再敘述得詳細一點嗎？感覺會很有趣。」

由梨：「即便投擲硬幣 2 次，也不一定會擲出 1 次正面！」

我：「是的。投擲 2 次也未必會擲出 1 次正面。」

由梨：「對吧？投擲 2 次也未必擲出 1 次正面。明明如此，卻說『因為機率為 $\frac{1}{2}$，所以每 2 次會擲出 1 次正面』，這很

奇怪吧。」

我：「我瞭解妳的感受。投擲硬幣 2 次後，可能擲出 0 次正面、1 次正面或者 2 次正面嘛。」

由梨：「但是，我愈想愈不明白。畢竟投擲硬幣後，不能確定會擲出正面還是反面，沒辦法直接判斷，也無法斷言結果。為什麼明明無法斷言，卻可以肯定地說『機率為 $\frac{1}{2}$』呢？」

我：「妳無法理解『機率 $\frac{1}{2}$ 是什麼意思』？」

由梨：「沒錯！」

我：「不先弄明白機率 $\frac{1}{2}$ 是什麼意思，就無法瞭解『投擲硬幣擲出正面的機率為 $\frac{1}{2}$』的意義，也沒辦法得知換成『每 2 次會擲出 1 次正面』的說法正不正確。」

由梨：「就是這麼回事！」

我：「雖然我不曉得有沒有辦法說明清楚，但我們一起來討論看看吧。」

由梨：「放馬過來！」

---

## 1.2 機率 $\frac{1}{2}$ 是什麼意思？

我：「從最基本的地方說起，也就是討論投擲 1 枚硬幣 1 次的情況。首先，假設投擲 1 枚硬幣 1 次時，結果為正面或者

反面。」

●結果為正面或者反面。

**由梨：**「這不是理所當然嗎？」

**我：**「『結果為正面或者反面』代表不會發生兩者以外的情況，例如硬幣直立不翻轉──假設不會發生這種情況。」

**由梨：**「OK。」

**我：**「然後，假設投擲 1 枚硬幣 1 次時，不會同時擲出正面和反面。」

●不會同時擲出正面和反面。

**由梨：**「啊哈哈！當然啊，不存在同時擲出正面和反面的硬幣嘛！」

**我：**「別急。然後還有一個假設：投擲 1 枚硬幣 1 次時，正面和反面同樣容易出現。」

●正面和反面同樣容易出現。

**由梨：**「……」

**我：**「這是假設不會特別容易擲出正面，也不會特別容易擲出反面喔。」

**由梨：**「嗯……」

**我：**「在這三個假設的前提下，投擲 1 枚硬幣 1 次時，『擲出正面的機率』會這樣定義。」

**投擲硬幣 1 次「擲出正面的機率」的定義**
投擲 1 枚硬幣 1 次時，如下假設：

* 結果為正面或者反面。
* 不會同時擲出正面和反面。
* 正面和反面同樣容易出現。

此時，定義擲出正面的機率為

$$\frac{1}{2}$$

* $\frac{1}{2}$ 分母的 2 是「所有的情況數」。
* $\frac{1}{2}$ 分子的 1 是「擲出正面的情況數」。

由梨：「等一下，**質疑**！這感覺怪怪的，哥哥。」

我：「想不通嗎？哪邊覺得奇怪？」

由梨：「……」

　　由梨闔上嘴巴陷入了深思，她的一頭栗色頭髮閃閃發亮。
我靜靜等待她回答。

## 1.3　想不通的由梨

我：「……」

由梨：「……我說不上來！」

我：「妳能夠說出『自己的想法』嗎？」

由梨：「感覺怪怪的。那個……怎麼說。」

我：「嗯。」

由梨：「投擲硬幣 1 次時，擲出正面的機率為 $\frac{1}{2}$ 嘛。」

我：「對，沒錯。」

由梨：「我不懂機率為 $\frac{1}{2}$ 的理由。」

我：「妳想要知道為什麼投擲硬幣 1 次擲出正面的機率為 $\frac{1}{2}$？
嗯，我可以理解會有這樣的疑問。」

由梨：「所以，我以為哥哥會從──

- 根據某某定理，擲出正面的機率為 $\frac{1}{2}$。
- 該定理可由什麼什麼得到證明。

　　──開始講起。」

我：「原來如此。由梨真是機敏！」

由梨：「哥哥剛才說的東西有『偷吃步』吧！」

我：「我沒有偷吃步喔。」

由梨：「哥哥不是『定義』擲出正面的機率為 $\frac{1}{2}$ 嘛。」

我：「我是這麼定義。」

由梨：「這就是偷吃步啊。直接決定為 $\frac{1}{2}$，好狡猾。」

我：「但是，對於為什麼擲出正面的機率為 $\frac{1}{2}$，也僅能夠回答
　　『因為這麼定義』。」

由梨：「『定義』也就表示『這麼決定』，可以這樣、可以這
　　樣……擅自決定機率嗎？」

我：「可是，一定會在某個地方定義機率喔。若不定義『機率
　　是這樣的概念』，就沒辦法做數學的討論。」

由梨：「哎──不是這個意思啦！你怎麼不瞭解我在意的地方
　　呢！」

我：「別強人所難了。」

　　看著由梨認真的神情，我陷入思考：
　　她在意的地方是──

## 1.4 機率與容易發生的程度

由梨：「吶，懂了嗎？懂了嗎？知道我在意的地方了嗎？」

我：「別催我啦……大概知道吧。」

由梨：「興奮期待。」

我：「妳是不是認為本來就有『機率的概念』？」

由梨：「哎？理所當然吧。難道沒有嗎？」

我：「若沒有去定義，機率本身並不存在喔。」

由梨：「不要說些莫名其妙的話啦。」

我：「說不存在可能有些過頭，但我們並非是研究自然界中已經存在的機率。」

由梨：「我完全無法理解啦！投擲硬幣擲出正面的情況，比彩券中獎的情況更容易發生啊！彩券幾乎不會發生中獎的情況嘛！這樣一來怎麼會說機率不存在呢？」

我：「就是這點。我們會去關心事情是否會發生嘛。」

由梨：「會啊，當然。」

我：「所以，我們才會想要研究『容易發生的程度』。」

由梨：「這樣的話，機率果然存在吧！」

我：「仔細聽好。我們過去經歷事件的『容易發生的程度』確實存在。如同妳剛才所說，投擲硬幣擲出正面的情況，比彩券中獎容易發生。我們可由過去的經驗瞭解這件事，所以會想要調查其『容易發生的程度』。」

由梨：「……」

我：「為了研究容易發生的程度，自然會思考應該先定義成什麼樣的概念。定義成某種概念後，才能研究容不容易發生，也才能夠斷言這個比那個更容易發生。機率就是為此

定義的概念喔。」

由梨：「……」

我：「怎麼樣？稍微想通了嗎？」

由梨：「該不會……『容易發生的程度』和『機率』是不同的東西？」

我：「沒錯！『容易發生的程度』和『機率』是不同的概念喔。」

由梨：「……」

我：「『容易發生的程度』和『機率』是不同的概念。嗯，這有點像是『溫暖的程度』和『溫度』的差別。」

由梨：「……這樣啊！」

我：「如同為了調查『溫暖的程度』、比較『哪個比較溫暖』而定義『溫度』——」

由梨：「為了調查『溫暖的程度』、比較『哪個比較溫暖』，需要先定義『溫度』？」

我：「是的。這是機率的第一步。機率不是一開始就存在的東西，而是定義出來的概念喔。」

由梨：「嗚哇！感覺好混亂……等一下，哥哥，這很奇怪吧。」

我：「哪裡奇怪？」

由梨:「我明白機率是一種定義出來的概念了。但這樣的話，不就能夠隨便定義各種機率？可以這樣擅自決定嗎？」

我:「由梨，妳的問題很棒！」

由梨:「雖然不知道結果會如何，但可以使用平方、立方、三角函數來定義新的機率……之類的。」

我:「那個應該不叫作『機率』了吧，但要怎樣定義不受限制喔。例如，我們可以決定為了表示『容易發生的程度』，誕生『由梨率』這個新概念！」

由梨:「這樣會變得非常混亂吧。」

我:「不會，因為擅自定義出來的『由梨率』並不好用，所以沒有什麼人會想要使用喔。」

由梨:「嗚……」

我:「定義本身若無法巧妙描述我們所知的『容易發生的程度』，就也沒有任何用處。」

由梨:「啊！那麼，哥哥剛剛說的『機率』定義，能夠巧妙描述出『容易發生的程度』？」

我:「沒錯！採用這個機率的定義時，如果僅是投擲 1 枚硬幣 1 次的狀況不會覺得有用。不過，在討論更加複雜的『容易發生的程度』時，就會覺得非常方便。」

由梨:「哦哦！」

我:「瞭解定義機率的意義後，回到前面的話題吧。」

## 1.5　機率的定義

投擲硬幣 1 次「擲出正面的機率」的定義（重提）

投擲 1 枚硬幣 1 次時，如下假設：

- 結果為正面或者反面。
- 不會同時擲出正面和反面。
- 正面和反面同樣容易擲出。

此時，定義擲出正面的機率為

$$\frac{1}{2}$$

- $\frac{1}{2}$ 分母的 2 是「所有的情況數」；

- $\frac{1}{2}$ 分子的 1 是「擲出正面的情況數」。

由梨：「……」

我：「這裡的定義僅有『正面』和『反面』2 種情況的機率，是為了簡單說明機率是定義出來的概念。不過一般來說，我們會像這樣定義 N 種情況的機率。」

**機率的定義**

全部有 $N$ 種「可能發生的情況」時，如下假設：

- 結果為 $N$ 種情況之一。
- $N$ 種情況僅會發生其中一種。
- $N$ 種情況同樣容易發生。

定義全部 $N$ 種情況中，發生 $n$ 種情況之一的機率為

$$\frac{n}{N}$$

- $\frac{n}{N}$ 分母的 $N$ 是「所有的情況數」。
- $\frac{n}{N}$ 分子的 $n$ 是「所關注的情況數」。

由梨：「……」

我：「這樣假設如何？假設 $N=2$、$n=1$，就會變成投擲硬幣 1 次『擲出正面的機率』的定義。」

由梨：「嗯……」

我：「為了幫助理解，我們舉其他例子來說明吧。這次不使用硬幣，而改成討論投擲骰子。」

由梨：「好的。」

## 1.6 投擲骰子的例子

我：「投擲骰子後，結果會是這 6 種情況。」

由梨：「對啊。」

我：「投擲 1 顆骰子 1 次時，擲出的點數會是 6 種情況之一。」

由梨：「嗯，雖然不知道會擲出哪種情況。」

我：「然後，假設骰子的各個點數同樣容易出現，不會特別容易擲出。」

由梨：「不是作弊骰子的意思？」

我：「是的。」

由梨：「然後呢？」

我：「根據機率的定義，例如擲出的機率是

$$\frac{1}{6}$$

在 6 種『所有的情況數』中，只有 1 種『擲出的情況數』，所以 $N=6$、$n=1$。」

由梨：「這不是將理所當然的事情用比較複雜的方式說嗎？」

我：「應該說是套用機率的定義喔。換言之，

$$『擲出 \boxdot 的機率』 = \frac{擲出 \boxdot 的情況數（1 種）}{所有的情況數（6 種）}$$

$$= \frac{1}{6}$$

」

由梨：「嗯，好哦。」

我：「那麼，妳知道投擲骰子 1 次『擲出 \boxdot 或是 \boxdot 的機率』嗎？」

由梨：「$\frac{1}{3}$。」

我：「為什麼呢？」

由梨：「因為 $\frac{2}{6} = \frac{1}{3}$。」

我：「沒錯。『所有的情況數』有 6 種，而『擲出 \boxdot 或者 \boxdot 的情況數』有擲出 \boxdot 或者 \boxdot 2 種情況，可知 $N = 6$、$n = 2$。因此，欲求的機率是

$$『擲出 \boxdot 或者 \boxdot 的機率』 = \frac{擲出 \boxdot 或者 \boxdot 的情況數（2 種）}{所有的情況數（6 種）}$$

$$= \frac{2}{6}$$

$$= \frac{1}{3}$$

這就是將具體例子套用機率的定義。」

由梨：「嗯——定義我瞭解了，但還是想不通……」

---

## 1.7　還是想不通的由梨

我：「哪邊想不通？例如……」

由梨：「等一下啦！那個……機率定義中的『結果為 $N$ 種情況之一』，就相當於投擲硬幣的『結果為正面或者反面』嗎？」

我：「對，這是定義機率時的假設。是這邊想不通嗎？」

由梨：「不是喵。這邊沒有問題……後面出現的『$N$ 種情況僅會發生其中一種』，就相當於投擲硬幣的『僅會擲出正面或者反面』嗎？」

我：「沒錯，就是這麼回事。這個假設非常重要。」

由梨：「那麼，『$N$ 種情況同樣容易發生』相當於投擲硬幣的哪個部分呢？」

我：「相當於『正面和反面同樣容易出現』喔。假設不會特別容易擲出正面或者反面。」

由梨：「這個假設有意義嗎？」

我：「什麼意思？」

由梨：「就是字面上的意思啊！投擲硬幣時，假設『正面和反面同樣容易出現』有意義嗎？」

我：「我不懂妳想問的是什麼。」

由梨：「嗚！怎麼會不懂呢！領悟一下啦！」

我：「沒說出來的話我怎麼會懂呢？」

由梨：「像平常一樣使用心電感應不就好了。」

我：「別強人所難了。」

　　我陷入思考。
　　由梨到底哪邊想不通——呢？

我：「——妳該不會是卡在『容易發生』這個詞彙吧？明明是
　　要定義『機率』卻使用『容易發生』，這不會變成循環定
　　義——嗎？」

由梨：「循環定義？」

我：「明明想要定義『機率』，卻使用『機率』來定義，像是
　　這樣的情況。」

由梨：「不是喵。『機率』和『容易發生的程度』本來就是不
　　同的東西嘛。」

我：「這邊也沒有問題……啊！那妳在意的地方是，沒有辦法
　　調查硬幣正反面哪面比較容易出現嗎？」

由梨：「就是這個！不對嗎？本來就不可能假設『正面和反面
　　同樣容易出現』！難道不是嗎？假使這邊有枚硬幣，怎麼
　　能夠斷言正反面同樣容易出現呢？根本沒有辦法調查啊？」

我：「正因為如此，我們才要定義喔。」

由梨：「明明不知道正反面是否同樣容易出現，卻要這樣假設嗎？」

我：「沒錯。就某方面來說，妳的問題有一半是正確的。對於眼前的實體硬幣，無法斷言正反面是否同樣容易出現。正因為如此，才要先假設『正面和反面同樣容易出現』。」

由梨：「這樣的話，如果該枚硬幣是『容易擲出正面的硬幣』怎麼辦？不會產生困擾嗎？」

我：「當不滿足前提假設時，它就無法套用機率的定義。換言之，『容易擲出正面的硬幣』，擲出正面的機率不會是 $\frac{1}{2}$。這樣一點都不會造成困擾喔。」

由梨：「唔……感覺好像被含混帶過了。」

我：「這可能是因為妳心中混淆了兩種硬幣。」

由梨：「兩種硬幣？」

---

## 1.8 兩種硬幣

我：「我們剛才提到的有**兩種硬幣**，一種是**理想的硬幣**，可確切地說正反面同樣容易出現。所以，理想的硬幣擲出正面的機率是 $\frac{1}{2}$。這是從機率的定義得到的結論。」

由梨：「嗯哼，那另一種硬幣是？」

我：「另一種是**現實的硬幣**。雖然可認為正反面同樣容易出現，但沒有辦法完全確定，不過也沒有辦法說是特別容易擲出

正面或者反面。這樣的硬幣就是現實的硬幣。」

由梨：「理想的硬幣和現實的硬幣……」

我：「定義機率的時候，須要使用理想的硬幣。然後，機率的定義闡明了須滿足理想硬幣的假設。我們眼前的硬幣是現實的硬幣，將該現實硬幣當作可滿足機率定義中的假設，思考能夠得到什麼結論……會以這樣的流程來討論喔。」

由梨：「哦哦……感覺有點明白了。當作可滿足假設——但是，如果不知道當成滿足假設正不正確，也無法得知最後得到的機率正不正確吧！」

我：「由梨真機敏！沒錯，我們沒有辦法斷言現實的硬幣能不能滿足機率定義中的假設。雖然無法得知也就沒有意義，但能夠進行調查。」

由梨：「無法斷言卻能夠調查，無法理解哥哥在說什麼。」

我：「雖然沒有辦法斷言滿足假設，但能夠知道眼前的硬幣是否滿足假設。」

由梨：「誒——！有辦法知道嗎？」

我：「只要實際投擲看看就行了。」

## 1.9 計數結果來確認

由梨：「蛤？這是什麼原始的方法？實際投擲能夠知道什麼？」

我：「雖然是最原始的方法，但我們能夠做的事，也僅有試著投擲硬幣而已，所以也沒有什麼原不原始。投擲後調查是否擲出正面，如此一來……」

由梨：「我又不明白了，哥哥！現在我們想要知道的是，現實硬幣的**正反面是否同樣容易出現**嘛？」

我：「是的，沒錯。所以才要試著投擲……」

由梨：「等一下啦！我們不是知道投擲硬幣後會發生什麼事情嗎？不是擲出正面，就是擲出反面，但不知道會發生哪種情況。即便非常仔細觀察，仍舊無法知道確切的結果。即使是如此，還有其他能夠做到的事情嗎？」

我：「有的。可以投擲硬幣數次，然後**計數擲出正面幾次**。」

由梨：「就算計算次數，也沒辦法直接判斷會擲出正面還是反面。對於可能發生也可能不發生的偶然，還是無法直接判斷結果！」

我：「嗯，我非常清楚妳的感受喔。如同剛才所說，我們沒有辦法斷言眼前的硬幣特別容易擲出正面或者反面，但能夠判斷兩者好像同樣容易出現。」

由梨:「唔……」

我:「稍微整理一下吧。『計數擲出正面幾次』更正式的說法會像這樣。」

---

**「反覆投擲硬幣,計數擲出正面的次數」**

假設投擲硬幣的次數為正整數 $M$。

投擲硬幣 $M$ 次。

$M$ 次當中,擲出正面的次數為 $m$。

---

由梨:「呵呵,別想騙過我的眼清……」

我:「吃螺絲了。」

由梨:「別想騙過我的眼睛。即便使用文字 $M$,實際上仍是數嘛?若是正整數,$M=1$、$M=123$ 或 $M=10000$ 嗎?說的東西根本沒有改變!」

我:「沒錯,說的東西沒有改變。不過,使用 $M$、$m$ 等文字後,就能簡潔表達想要說的事情。」

由梨:「真的嗎?」

我:「例如,投擲硬幣 2 次可簡潔表達成 $M=2$ 吧?」

由梨:「嗯哼——」

# 1.10 投擲硬幣 2 次的時候

我：「假設投擲硬幣的次數為 $M$、擲出正面的次數為 $m$。$M=2$ 的時候，會發生下述 4 種情況之一。」

- 第 1 次擲出「反面」、第 2 次也擲出「反面」，
  亦即擲出正面 0 次（$m=0$）。
- 第 1 次擲出「反面」、第 2 次擲出「正面」，
  亦即擲出正面 1 次（$m=1$）。
- 第 1 次擲出「正面」、第 2 次擲出「反面」，
  亦即擲出正面 1 次（$m=1$）。
- 第 1 次擲出「正面」、第 2 次也擲出「正面」，
  亦即擲出正面 2 次（$m=2$）。

由梨：「嗯嗯，感覺很繞圈子耶。」

我：「沒錯，所以這邊改成正反面來簡化描述，$M=2$ 的時候，會發生下述 4 種情況之一。」

- 反反（$m=0$）。
- 反正（$m=1$）。
- 正反（$m=1$）。
- 正正（$m=2$）。

由梨：「對啊。」

## 1.11 投擲硬幣 3 次的時候

我：「投擲硬幣 3 次，也就是 $M=3$ 的時候，會發生下述 8 種情況之一。」

- 反反反（$m=0$）。
- 反反正（$m=1$）。
- 反正反（$m=1$）。
- 反正正（$m=2$）。
- 正反反（$m=1$）。
- 正反正（$m=2$）。
- 正正反（$m=2$）。
- 正正正（$m=3$）。

由梨：「對哦，$M=3$ 時會有 8 種情況。」

我：「是的。每次投擲會有正反 2 種情況，若投擲 3 次，

$$\underbrace{2 \times 2 \times 2}_{3\,次} = 8$$

計算後可得到 8 種情況。」

由梨：「嗯，然後呢？」

## 1.12 投擲硬幣 4 次的時候

我：「投擲硬幣 4 次——也就是 $M=4$ 時會有下述情況。」

- 反反反反（$m=0$）。
- 反反反正（$m=1$）。
- 反反正反（$m=1$）。
- 反反正正（$m=2$）。
- 反正反反（$m=1$）。
- 反正反正（$m=2$）。
- 反正正反（$m=2$）。
- 反正正正（$m=3$）。
- 正反反反（$m=1$）。
- 正反反正（$m=2$）。
- 正反正反（$m=2$）。
- 正反正正（$m=3$）。
- 正正反反（$m=2$）。
- 正正反正（$m=3$）。
- 正正正反（$m=3$）。
- 正正正正（$m=4$）。

由梨：「哥哥、哥哥，這不就是 $M$ 增加後，數量會變成非常大的情況嗎？」

我：「沒錯。若投擲 $M$ 次，

$$\underbrace{2 \times 2 \times \cdots \times 2}_{M次} = 2^M$$

計算後可得到 $2^M$ 種正反組合。如果要列出所有情況，$M$ 的數量較大時會呈現爆炸性增長，所以記述方式須要下點工夫，由『擲出正面的次數』來計算組合數。」

由梨：「計算組合數？」

---

## 1.13 計算組合數

我：「例如，$m=4$ 時，組合僅有正正正正 1 種情況；$m=3$ 時，有正正正反、正正反正、正反正正、反正正正等 4 種情況；$M=4$ 時，可像這樣進行整理。」

- $m=0$ 時的組合數有 1 種：
  - 反反反反（$m=0$）

- $m=1$ 時的組合數有 4 種：
  - 反反反正（$m=1$）
  - 反反正反（$m=1$）
  - 反正反反（$m=1$）
  - 正反反反（$m=1$）

- $m=2$ 時的組合數有 6 種：
  - 反反正正（$m=2$）
  - 反正反正（$m=2$）
  - 反正正反（$m=2$）
  - 正反反正（$m=2$）
  - 正反正反（$m=2$）
  - 正正反反（$m=2$）

- *m* = 3 時的組合數有 4 種：
  - 反正正正（*m* = 3）
  - 正反正正（*m* = 3）
  - 正正反正（*m* = 3）
  - 正正正反（*m* = 3）

- *m* = 4 時的組合數有 1 種：
  - 正正正正（*m* = 4）

由梨：「原來如此。」

我：「吶，由梨，妳對這些數字沒有印象嗎？」

- *m* = 0 時的組合有 1 種。
- *m* = 1 時的組合有 4 種。
- *m* = 2 時的組合有 6 種。
- *m* = 3 時的組合有 4 種。
- *m* = 4 時的組合有 1 種。

由梨：「1、4、6、4、1……啊，這是巴斯卡三角形中的數字！」

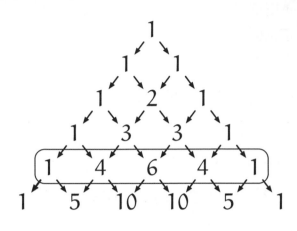

巴斯卡三角形中的 1、4、6、4、1

我：「沒錯！妳竟然能想到。」

由梨：「不過，這是偶然嗎？」

我：「不，回想一下巴斯卡三角形的作法，就知道不是偶然喔。
巴斯卡三角形是，以左上角數字加上右上角數字所作成的
三角形。」

由梨：「這會是組合數？」

我：「只要將往左下前進的箭頭標示『正』；往右下前進的箭
頭標示『反』就行了。」

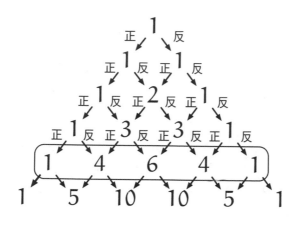

巴斯卡三角形與情況數

由梨：「嗯……」

我：「這樣一來，可知投擲硬幣 4 次時，正反的組合會對應由最上方前進 4 個箭頭的路徑。例如，3 次正面、1 次反面的組合有這 4 種路徑。」

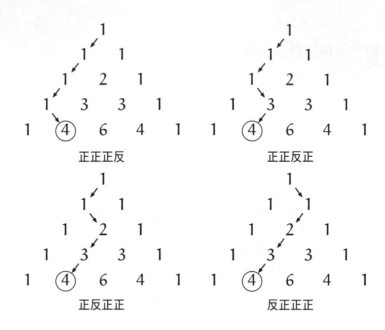

正正正反　　　正正反正

正反正正　　　反正正正

由梨：「哈……」

我：「巴斯卡三角形中的數字，表示到達該處共有幾種路徑，這剛好對應了硬幣的正反組合數。」

由梨：「想成投擲硬幣後，擲出正面往左下前進；擲出反面往右下前進嘛。」

我：「就是這麼回事。」

由梨：「真有意思耶！」

## 1.14　有幾種組合？

我：「巴斯卡三角形就講到這邊，回到原本的話題吧。」

由梨：「前面是在討論什麼來著？」

我：「在討論現實的硬幣是否正反面同樣容易出現喔。」

由梨：「對哦。」

我：「與其每次都說『這枚硬幣正反面同樣容易出現』，不如改稱『這枚硬幣是公正的』吧。」

由梨：「蛤？」

我：「公正就是『不偏差』的意思喔。每次投擲總是正反面同樣容易出現的硬幣，就稱為公正的硬幣。」

---

**公正的硬幣**

總是正反面的同樣容易出現硬幣，稱為公正的硬幣，或者沒有偏差的硬幣。

---

由梨：「這是它不是一枚作弊硬幣的意思嗎？」

我：「對，理想的硬幣是公正的。那麼，現實的硬幣能夠視為公正的嗎？我們想要調查的是，眼前的現實硬幣能否看作是公正的。為此，我們需要仔細觀察投擲硬幣 4 次時的組合數。」

$M = 4$ 的時候，所有組合共有 16 種，其中……

- $m = 4$ 時的組合有 1 種。
- $m = 3$ 時的組合有 4 種。
- $m = 2$ 時的組合有 6 種。
- $m = 1$ 時的組合有 4 種。
- $m = 0$ 時的組合有 1 種。

由梨：「嗯，好的。投擲 4 次的正反組合……

$$\underbrace{2 \times 2 \times 2 \times 2}_{4\,次} = 16$$

……全部有 16 種。然後呢？」

我：「按照擲出正面的次數，以**直方圖**表示有幾種組合的情況數。」

由梨：「嗯哼？」

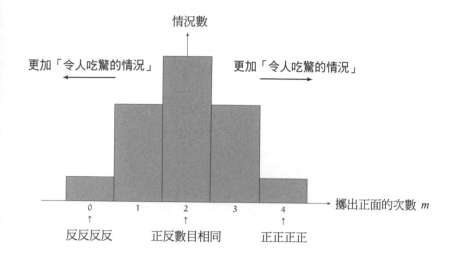

我：「假設投擲 4 次**全部擲出正面**，也就是 $M=4$、$m=4$ 的情況。就這個直方圖而言，相較於正反數目相同的 2 次，擲出正面 4 次是非常偏差的結果。若該枚硬幣是公正的，可說是發生了相當令人吃驚的情況。」

由梨：「嗯⋯⋯但是，實際上有可能擲出正正正正，並非絕對不會發生。」

我：「是的。因為並非不會發生，所以可以試著擴大 $M$ 值來討論，也就是增加投擲硬幣的次數。」

由梨：「像是 $M=10$ 嗎？」

我：「嗯。例如，假設投擲 10 次皆擲出正面，也就是 $M=10$、$m=10$ 的情況。

$$\underbrace{2 \times 2 \times 2 \times 2 \times 2 \times 2 \times 2 \times 2 \times 2 \times 2}_{10 \text{次}} = 1024$$

全部情況共有 1024 種，其直方圖會像是這樣。」

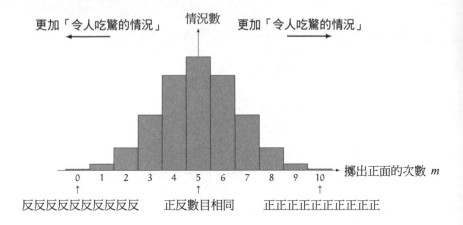

由梨：「……等一下。」

我：「好的。怎麼了？」

由梨：「$M$ 值非常大的時候，全部都擲出正面是令人吃驚的情況，所以該枚硬幣並不公正——意思是這樣嗎？」

我：「大致上是這個意思，不過其實不用全部擲出正面也可以喔。就這個直方圖而言，愈是偏離擲出正面 5 次的結果，愈算是更加令人吃驚的情況。」

由梨：「嗯哼嗯哼！」

我：「以現實的硬幣來說，無法斷言『這枚硬幣不公正』，但可以說『如果這枚硬幣公正，發生了非常令人吃驚的情況。』」

由梨：「哦哦，感覺就像是偵探一樣耶！」

## 1.15 相對次數的定義

我：「前面為了簡單起見，以『全部擲出正面』來說明，後面我們改為關注『投擲次數中擲出正面幾次』的比例吧。」

由梨：「比例。」

我：「使用比例描述『投擲次數』中『擲出正面幾次』，具體來說，就是像

$$\frac{m}{M}$$

這樣討論分數。」

由梨：「啊！這是機率嘛。」

我：「不對喔。」

由梨：「咦？」

我：「不對喔。$\frac{m}{M}$ 並非機率。」

由梨：「不是機率是什麼？」

我：「$\frac{m}{M}$ 是相對次數（relative frequency）。機率和相對次數是不同的概念。」

> **相對次數的定義**
> 假設投擲硬幣M次、擲出「正面」的次數為$m$，則
>
> $$\frac{m}{M}$$
>
> 為擲出「正面」的**相對次數**。

由梨：「跟機率同樣是分數的型態啊！」

我：「錯了，不能因為同樣是分數型態，就視為相同的概念喔。
　　**機率和相對次數不一樣**，其分母分子代表的東西完全不
　　同。回顧一下機率的定義吧。」

機率的定義（重提）
全部有 $N$ 種「可能發生的情況」時，如下假設：

- 結果為 $N$ 種情況之一。
- $N$ 種情況僅會發生其中一種。
- $N$ 種情況同樣容易發生。

定義全部 $N$ 種情況中，發生 $n$ 種情況之一的機率為

$$\frac{n}{N}$$

- $\frac{n}{N}$ 分母的 $N$ 是「所有的情況數」。
- $\frac{n}{N}$ 分子的 $n$ 是「關注的情況數」。

由梨：「嗯……」

　　由梨陷入了思考。
　　我靜靜等待著。
　　這個地方值得花時間探討。
　　我自己也曾經搞混相對次數和機率，非常能夠體會她所感到的混亂。

由梨：「……」

我：「……」

由梨：「……實際操作就能夠瞭解相對次數嗎？」

我：「沒錯。只要實際投擲現實的硬幣，就能得到擲出正面的相對次數喔。」

由梨：「若投擲 $M$ 次擲出正面 $m$ 次，計算 $\frac{m}{M}$ 就行了嘛。」

我：「對，這樣就能夠求得擲出正面的相對次數。若投擲 2 次擲出正面 1 次，相對次數會是 $\frac{1}{2}$。」

由梨：「如果投擲 2 次擲出正面 2 次，相對次數會是 1 嗎？」

我：「是的。因為 $M=2$、$m=2$，所以相對次數是 $\frac{m}{M}=\frac{2}{2}=1$ 喔。」

由梨：「機率是經由定義決定的概念，而相對次數是實際投擲後調查而出的概念？」

我：「就是這麼麼回事。」

由梨：「嗯，我瞭解機率和相對次數的差異了。不過，兩者並非毫無關係嘛？」

我：「是的，就像妳說的，機率和相對次數並非毫無關係。我們對照兩種硬幣來討論吧。」

由梨：「理想的硬幣和現實的硬幣？」

我：「是的。**理想的硬幣**是公正的，所以理想硬幣擲出正面的**機率**為 $\frac{1}{2}$。這是由機率的定義得到的結論。」

由梨：「嗯哼。」

我：「**現實的硬幣無法斷言是公正的**，但我們會想調查其是否可被視為公正的，投擲複數次並計數擲出正面幾次。換言之，投擲 $M$ 次來計數 $m$，調查相對次數 $\dfrac{m}{M}$ 的數值。」

由梨：「嗯哼嗯哼！」

我：「假設 $M$ 值非常大，調查擲出正面的相對次數 $\dfrac{m}{M}$。擲出正面的相對次數，也就是投擲硬幣數次中擲出正面的比例，當投擲次數愈大，就愈接近擲出正面的機率。因此，這可用來判斷現實的硬幣能否公正的依據。而探討這些步驟的過程，稱為**假說檢定**（hypothesis testing）。[*1]」

由梨：「唔……總覺得不對勁。」

我：「覺得哪裡不對勁？」

由梨：「等一下，不要催我啦！」

我：「好啦，妳慢慢想。」

由梨：「……」

我：「……」

---

## 1.16　擲出正面 10 次後，容易出現反面嗎？

由梨：「假設有正反面同樣容易出現的硬幣。」

我：「嗯，公正的硬幣。」

---
[*1] 詳見參考文獻 [3]《數學女孩秘密筆記：統計篇》第 5 章。

由梨：「當公正硬幣的 $M$ 愈大，$\frac{m}{M}$ 就會愈接近 $\frac{1}{2}$ 嗎？」

我：「是的。若投擲次數 $M$ 愈大，可說 $\frac{m}{M}$ 會愈接近 $\frac{1}{2}$。」

由梨：「投擲公正的硬幣時，有可能發生前面連續擲出正面 10 次的情況嗎？」

我：「嗯，當然。這是有可能的。」

由梨：「連續擲出正面 10 次的時候，下一次投擲會擲出哪一面？」

正→正→正→正→正→正→正→正→正→正→？

我：「即便前面連續擲出正面 10 次，也無法得知第 11 次會擲出哪一面，可能擲出正面、也可能擲出反面。由於是公正的硬幣，所以正反面同樣容易出現。

由梨：「**質疑**！這裡很奇怪！」

我：「咦？哪裡奇怪？」

由梨：「如果投擲 10 次擲出正面 10 次，相對次數不就是 1 嗎？」

我：「對，妳說得沒錯。因為投擲 10 次，所以 $M = 10$，若其中擲出正面 10 次，則 $m = 10$。因此，在這個時間點，擲出正面的相對次數會是

$$\frac{m}{M} = \frac{10}{10} = 1$$

相對次數是 1 沒有錯。」

由梨：「但是，$M$ 值變大後，$\frac{m}{M}$ 會逐漸接近 $\frac{1}{2}$。」

我：「這也沒有錯。」

由梨：「明明如此，第 11 次的正反面還是同樣容易出現嗎？」

我：「嗯，是的。妳在意的是什麼地方？」

由梨：「那個，如果想要相對次數從 1 往 $\frac{1}{2}$ 接近，反面不是應該要比較容易出現嗎？」

我：「啊啊……妳是這個意思啊。」

由梨：「對吧？因為前面擲出正面 10 次了，後面要出現比較多次反面才能夠取得平衡。否則，相對次數沒有辦法接近 $\frac{1}{2}$。相對次數接近 $\frac{1}{2}$，代表正反面會出現相同的數目嗎？這樣的話，出現許多正面後，反面應該比較容易出現才對！」

我：「來整理一下『由梨的疑問』。」

---

**由梨的疑問**

公正的硬幣連續擲出正面 10 次後，反面應該要比較容易出現才對。若反面沒有比較容易出現，即便反覆投擲硬幣，相對次數也不會接近 $\frac{1}{2}$。

---

由梨：「對、對！」

我：「我瞭解妳的問題了。但說到底，討論『連續擲出正面 10 次後，反面比較容易出現』本身就不恰當，畢竟『**硬幣沒有記憶功能**』。」

由梨：「硬幣、沒有、記憶功能……」

我：「硬幣沒有像電腦的記憶體，或是人類腦袋一樣的記憶功能。換言之，硬幣沒辦法記憶出現過幾次正反面。因為不記得，所以不會考量過去出現的正反面，來決定下一次的面向——對吧。」

由梨：「的確，『硬幣沒有記憶功能』……可是、可是啊，哥哥！這樣的話，相對次數接近 $\frac{1}{2}$ 的說法就錯了。」

我：「怎麼說？」

由梨：「我剛才說了啊！正反面必須取得平衡，投擲 10 次擲出正面 10 次，代表反面出現 0 次。如果後面不出現比較多反面，就會一直是正面比較多的狀態。為了增加反面出現的次數，即便只是多幾次，反面也應該要比較容易出現才對！」

我：「然而，現實並非如此。」

由梨：「嗚哇，什麼跟什麼啊！不明所以。如果正反面同樣容易出現，擲出正面 10 次後，要怎麼取得平衡？我完全無法理解。」

我：「投擲多量的次數就能夠取得平衡喔。」

由梨：「啥……？」

我：「妳所說的『取得平衡』，是像『連續擲出正面 10 次後，連續擲出反面 10 次』的感覺嘛。」

由梨：「嗯，感覺上。」

我：「這是在擲出正面 10 次後，想要用剩餘的 10 次取得平衡。的確，想要用剩餘的 10 次使相對次數接近 $\frac{1}{2}$，須要擲出比較多的反面才行。」

由梨：「……」

我：「但是，在說『投擲公正的硬幣時，$M$ 值愈大相對次數愈接近 $\frac{1}{2}$』的時候，不會用如此小的數討論合不合理，此時的 $M$ 會是好幾億、好幾千億……會用這種極為龐大的數來討論。」

由梨：「嗯……即便如此，如果前面連續擲出正面 10 次，後面都是正反面同樣容易出現，還是正面會比較多吧！就算投擲好幾千億次！」

我：「是的。若考慮正反面擲出的次數『**差值**』，的確會保持正面偏多的狀態發展下去。例如，連續擲出正面 10 次後，繼續投擲 10000 次，假設正反面擲出相同的次數——也就是各擲出 5000 次。如此一來，結果會是投擲 10010 次，擲出正面 5010 次、反面 5000 次。此時的『差值』為 10 次。」

討論正反面擲出次數的「差值」

假設先投擲 10 次，10 次全部擲出正面。

繼續投擲 10000 次，且擲出正面 5000 次。

● 擲出正面的次數為 10＋5000＝5010 次。

● 擲出反面的次數為 5000 次。

擲出正面的次數－擲出反面的物數＝5010 － 5000＝10

由梨：「看吧，果然是正面多擲出 10 次！」

我：「但是，相對次數討論的不是『差值』，而是投擲次數中擲出正面次數的比例。換言之，不是聚焦『差值』而是關注『比值』。如此一來，當投擲的次數愈多，相對於投擲次數來說，『正面多擲出 10 次』的偏差程度會愈小。若投擲 10010 次擲出正面 5010 次的話，相對次數 $\frac{m}{M}$ 會相當接近 0.5 喔。」

討論投擲次數中擲出正面次數的「比值」

假設先投擲 10 次，10 次全部擲出正面。

繼續投擲 10000 次，且擲出正面 5000 次。

- 投擲次數為 10＋10000＝10010 次。
- 擲出正面的次數為 10＋5000＝5010 次。

$$相對次數 = \frac{擲出正面的次數}{投擲次數} = \frac{5010}{10010} = 0.5004995 \cdots$$

由梨：「哦──！我好像瞭解『差值』和『比值』的不同了！」

我：「雖然這邊舉 10010 的例子，但也可以討論更大的數值喔。」

由梨：「不用，我已經瞭解了。即便有出現偏差，也會被龐大的數稀釋嘛！」

我：「就是這麼回事！」

## 1.17　每 2 次發生 1 次的情況

由梨：「每 2 次擲出正面 1 次……沒想到這麼難耶。」

我：「對啊。投擲正面出現機率為 $\frac{1}{2}$ 的硬幣 2 次，不能夠說肯定擲出正面 1 次。不過，若『每 2 次發生 1 次』的意思是

『每 2 次擲出 1 次的【比例】』，那就能夠說得通。換言之，這是在描述『$M$ 值愈大時相對次數愈接近 $\frac{1}{2}$』的情況。」

由梨：「咦──這樣不算是擴張解釋嗎？」

我：「不算是擴張解釋吧。」

由梨：「哎呀呀☆我有一個大發現！」

我：「突然這是怎麼了？」

由梨：「相反過來不成立嘛！」

我：「相反過來？什麼東西的相反過來？」

由梨：「投擲公正的硬幣複數次，相對次數會接近 $\frac{1}{2}$──相反過來不成立。」

我：「相對次數接近 $\frac{1}{2}$ 的硬幣為公正的硬幣──不成立的意思？」

由梨：「對啊。即便有相對次數接近 $\frac{1}{2}$ 的硬幣，也未必就是公正的硬幣！」

我：「喔喔？那是什麼樣的硬幣呢？」

由梨：「是機器人硬幣。」

我：「機器人硬幣是什麼啊？」

由梨：「能夠自己決定擲出正反面的機械式硬幣！當然，它具

備記憶功能。」

我：「這真是不得了啊。」

由梨：「然後，假設機器人硬幣一定是正反交替出現。

正→反→正→反→正→反→正→……

這樣一來，相對次數會接近 $\frac{1}{2}$ 嘛！不過，這種機器人硬幣並不公正！」

我：「連續出現反正反正反……的硬幣啊！」

「投擲硬幣 1000 次會擲出正面幾次呢？」

## 第 1 章的問題

●問題 1-1（投擲硬幣 2 次）

投擲公正的硬幣 2 次時，會發生下述 3 種情況之一：

⓪ 擲出「正面」0 次。

① 擲出「正面」1 次。

② 擲出「正面」2 次。

因此，⓪、①、② 發生的機率皆為 $\frac{1}{3}$。

請指出說明錯誤的地方，並求出正確的機率。

（解答在 p.274）

●問題 1-2（投擲骰子）

投擲公正的骰子 1 次，請分別求出下述 ⓐ ～ ⓔ 的機率：

ⓐ 擲出 ⚂ 的機率

ⓑ 擲出偶數點的機率

ⓒ 擲出偶數或者 3 的倍數點的機率

ⓓ 擲出大於 ⚅ 的機率

ⓔ 擲出小於等於 ⚅ 的機率

（解答在 p.276）

●問題 1-3（比較機率）

投擲公正的硬幣 5 次，假設機率 $p$ 和 $q$ 分別為

$$p = 結果為「正正正正正」的機率$$
$$q = 結果為「反正正正反」的機率$$

請試著比較 $p$ 和 $q$ 的大小。

（解答在 p.277）

●問題 1-4（擲出正面 2 次的機率）

投擲公正的硬幣 5 次，試求剛好擲出正面 2 次的機率。

（解答在 p.279）

●問題 1-5（機率值的範圍）

假設某機率為 $p$，請使用機率的定義（p.12）證明下式成立：

$$0 \leqq p \leqq 1$$

（解答在 p.281）

第 2 章

# 整體中占多少比例？

「若不瞭解整體，那就更不用談其中一半了。」

## 2.1　撲克牌遊戲

由梨和我聊著有關機率的話題。

我：「一直投擲硬幣也膩了，來討論別的問題吧。」

由梨：「好啊！什麼樣的問題？」

我：「有關**撲克牌**的問題喔。妳知道排除鬼牌後，1 組撲克牌有幾張牌嗎？」

由梨：「52 張吧？」

我：「是的。撲克牌有 4 種花色：

然後，各花色分別有 13 種大小：

```
Ace                                    Jack  Queen  King
A  2  3  4  5  6  7  8  9  10  J    Q    K
```

所以──」

由梨：「4×13＝52 張。」

| ♠A | ♠2 | ♠3 | ♠4 | ♠5 | ♠6 | ♠7 | ♠8 | ♠9 | ♠10 | ♠J | ♠Q | ♠K |
|---|---|---|---|---|---|---|---|---|---|---|---|---|
| ♡A | ♡2 | ♡3 | ♡4 | ♡5 | ♡6 | ♡7 | ♡8 | ♡9 | ♡10 | ♡J | ♡Q | ♡K |
| ♣A | ♣2 | ♣3 | ♣4 | ♣5 | ♣6 | ♣7 | ♣8 | ♣9 | ♣10 | ♣J | ♣Q | ♣K |
| ♢A | ♢2 | ♢3 | ♢4 | ♢5 | ♢6 | ♢7 | ♢8 | ♢9 | ♢10 | ♢J | ♢Q | ♢K |

**排除鬼牌後，有 52 張牌的撲克牌**

我：「沒錯。不過使用全部 52 張有點太多了，我們僅用其中的 12 張人頭牌吧。」

| ♠J | ♠Q | ♠K |
|---|---|---|
| ♡J | ♡Q | ♡K |
| ♣J | ♣Q | ♣K |
| ♢J | ♢Q | ♢K |

**12 張人頭牌**

由梨：「要用這個做什麼？」

我：「將這 12 張人頭牌充分洗牌，然後從中抽出 1 張牌。」

由梨：「不看牌面嗎？」

我：「不看牌面抽牌。這樣抽出黑桃 Jack♠J 的機率是？」

## 2.2　抽出黑桃 Jack 的機率

問題 2-1（抽出♠J 的機率）
將 12 張人頭牌充分洗牌，然後從中抽出 1 張牌時，
抽出♠J 的機率是？

由梨：「$\dfrac{1}{12}$。」

我：「真快！」

由梨：「不就是從 12 張中抽出 1 張？機率就會是 $\dfrac{1}{12}$ 啊。」

我：「是的。抽出的牌共有 12 種情況，每張牌同樣容易出現，
　　而♠J 是其中之一，所以機率會是 $\dfrac{1}{12}$。正如同機率的定
　　義。」

$$抽出♠J 的機率 = \frac{抽出♠J 的情況數}{所有的情況數}$$
$$= \frac{1}{12}$$

由梨：「一點都不困難。」

我：「這個 $\dfrac{1}{12}$ 的分母和分子，也可用撲克牌的圖案表示喔。
　　全部 12 張牌中，♠J 僅有 1 張。」

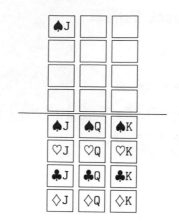

由梨：「啊！原來如此。」

我：「即便不弄成分數的形式，光是這樣也能夠掌握整體情況。」

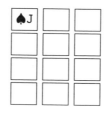

由梨：「簡單、簡單。」

解答 2-1（抽出♠J 的機率）

將 12 張人頭牌充分洗牌，然後從中抽出 1 張牌時，抽出♠J 的機率是 $\frac{1}{12}$。

## 2.3　抽出黑桃的機率

我：「那麼，從 12 張人頭牌抽出 1 張牌時，卡面為 J、Q、K 都可以，抽出♠的機率是？」

---

問題 2-2（抽出♠的機率）

充分洗牌 12 張人頭牌，從中抽出 1 張牌時，

抽出♠的機率是？

---

由梨：「嗯……$\dfrac{1}{4}$ 吧？」

我：「是的，沒錯。因為全部 12 張中有 3 張 ♠，所以抽出♠的機率是 $\dfrac{3}{12} = \dfrac{1}{4}$。」

$$抽出♠的機率 = \frac{抽出♠的情況數}{所有的情況數}$$

$$= \frac{3}{12}$$

$$= \frac{1}{4}$$

由梨：「跟問題 2-1 類似啊。$\dfrac{3}{12}$ 是這樣的情況嘛。」

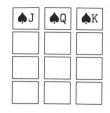

我：「沒錯。」

---

解答 2-2（抽出♠的機率）

將 12 張人頭牌充分洗牌，然後從中抽出 1 張牌時，

抽出♠的機率是 $\frac{1}{4}$。

---

由梨：「機率，只要計數情況數就行了嘛。」

我：「是的，不過也有不同的思考方式。除了使用情況數來求機率，也可以使用機率來求機率。」

由梨：「使用機率來求機率？我不懂哥哥在說什麼。」

---

## 2.4　抽出 Jack 的機率

我：「我們來討論這個問題吧。」

問題 2-3（抽出 J 的機率）
將 12 張人頭牌充分洗牌，然後從中抽出 1 張牌時，
抽出 J 的機率是？

由梨：「不可以直接數嗎？」

我：「不，可以直接數喔。數學的問題沒有限制解題的方式。」

由梨：「因為 J 有 4 張，所以機率是 $\dfrac{4}{12}=\dfrac{1}{3}$。」

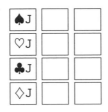

我：「是的，正確！」

解答 2-3（抽出 J 的機率）
將 12 張人頭牌充分洗牌，從中抽出 1 張牌時，
抽出 J 的機率是 $\dfrac{1}{3}$。

由梨：「前面的問題都差不多吧？機率都是這樣。」

$$\frac{\text{關注的情況數}}{\text{所有的情況數}}$$

我：「沒錯。這是機率的定義，沒有什麼不可思議的地方。下面來做點有趣的計算吧。」

由梨：「有趣的計算？」

我：「我們前面共求了 3 個機率嘛。從 12 張人頭牌中抽出 1 張的機率。」

$$抽出\spadesuit J\,的機率 = \frac{1}{12}$$

$$抽出\spadesuit 的機率 = \frac{1}{4}$$

$$抽出\,J\,的機率 = \frac{1}{3}$$

由梨：「對啊。」

我：「仔細觀察會發現剛好就是**乘法運算**。」

$$抽出\spadesuit J\,的機率 = 抽出\spadesuit 的機率 \times 抽出\,J\,的機率$$

$$\updownarrow \qquad\qquad \updownarrow \qquad\qquad \updownarrow$$

$$\frac{1}{12} \qquad = \qquad \frac{1}{4} \qquad \times \qquad \frac{1}{3}$$

由梨：「誒──真巧耶！」

我：「……」

由梨：「……不是巧合嗎？」

我：「不是巧合喔，稍微想一下就能夠明白。」

由梨：「我不明白。」

我：「不、不，試著想想看。」

由梨：「就算要我想……」

我：「例如，為什麼抽出♠的機率是 $\frac{1}{4}$？」

由梨：「因為 12 張中有 3 張，所以 $\frac{3}{12}=\frac{1}{4}$。」

我：「也可說♠♡♣◇四種花色中♠僅有 1 種，所以機率是 $\frac{1}{4}$。」

$\frac{3}{12}$

| ♠J | ♠Q | ♠K |
|---|---|---|
| ♡J | ♡Q | ♡K |
| ♣J | ♣Q | ♣K |
| ◇J | ◇Q | ◇K |

$\frac{1}{4}$

| ♠ |
|---|
| ♡ |
| ♣ |
| ◇ |

抽出♠的機率是 $\frac{3}{12}=\frac{1}{4}$

由梨：「是啊，因為♠♡♣◇同樣容易出現嘛。」

我：「抽出 J 的機率也可用同樣的方式討論。JQK 等 3 種大小中 J 僅有 1 種，所以機率是 $\frac{1}{3}$。」

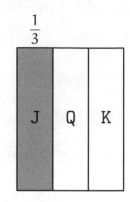

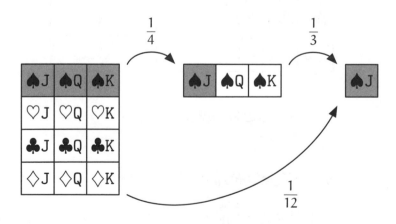

$$\frac{4}{12}$$

$$\frac{1}{3}$$

抽出 J 的機率是

由梨：「……」

我：「因此，由下圖可知，以機率的乘法運算求得機率並非巧合。」

$$\frac{1}{4}$$

$$\frac{1}{3}$$

$$\frac{1}{12}$$

抽出♠J 的機率 $\frac{1}{12}$ 等於 $\frac{1}{4} \times \frac{1}{3}$

由梨：「全體的 $\frac{1}{4}$ 再取其中的 $\frac{1}{3}$，所以會是 $\frac{1}{12}$？」

我：「是的，沒錯。」

由梨：「這是分數的運算！」

我：「是的。♠是全體的 $\frac{1}{4}$，而 J 是其中的 $\frac{1}{3}$，所以抽出♠J 的機率會是 $\frac{1}{12}$ ——就是這樣。」

由梨：「我好像瞭解哥哥的意思了。」

---

## 2.5 長度與面積

我：「然後，進一步將抽出♠的機率想成是縱向長度、抽出 J 的機率想成是橫向長度，則抽出♠J 的機率也可想成是**面積**。」

由梨：「將機率想成長度？面積？」

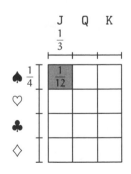

♠的機率 $\frac{1}{4}$ × J 的機率 $\frac{1}{3}$ = ♠J 的機率 $\frac{1}{12}$

我：「抽出♠的機率可視為，整個縱向長度 1 中的 $\frac{1}{4}$；抽出 J 的機率可視為，整個橫向長度 1 中的 $\frac{1}{3}$；抽出♠J 的機率可視為，整個長方形面積為 1 中的——」

由梨：「因為縱向為 $\frac{1}{4}$、橫向為 $\frac{1}{3}$，所以面積會是 $\frac{1}{12}$。」

我：「然後，該面積 $\frac{1}{12}$ 正好對應抽出♠J 的機率。」

由梨：「真有意思！」

我：「因此，機率是討論『在整體中占多少比例？』」

由梨：「嗯哼！」

我：「情況數本身也可用乘法來計算喔。」

由梨：「咦？」

我：「用乘法求得情況數再計算機率，過程會像這樣。」

㊒ 全部 12 張人頭牌是，

　　♠♡♣◇的 4 種乘上 JQK 的 3 種；

㊘ ♠J 的 1 張牌是，

　　♠的 1 種乘上 J 的 1 種；

㊙ 抽出♠J 的機率會是

$$\frac{㊘}{㊒}=\frac{1\times 1}{4\times 3}=\frac{1}{12}$$

由梨：「是沒錯……」

我：「先求機率再相乘機率，過程會像這樣。」

⑪ 抽出♠的機率是♠♡♣◇分之♠，所以是 $\frac{1}{4}$ ；

⑫ 抽出 J 的機率是 JQK 分之 J，所以是 $\frac{1}{3}$ ；

丙 抽出♠J 的機率會是

$$⑪ \times ⑫ = \frac{1}{4} \times \frac{1}{3} = \frac{1}{12}$$

由梨：「嗯……意思是這樣嗎？」

$$\underbrace{\frac{\overbrace{1 \times 1}^{\spadesuit\text{J 的張數}}}{4 \times 3}}_{\text{所有的張數}} = \underbrace{\frac{1}{4}}_{\spadesuit\text{的機率}} \times \underbrace{\frac{1}{3}}_{\text{J 的機率}}$$

我：「沒錯。」

由梨：「明白了！但這不是理所當然嗎？」

我：「就是這裡喔。從這裡會衍生出有趣的問題。」

由梨：「哦哦？」

## 2.6　給予提示的機率

> 問題 2-4（給予提示的機率）
> 從 12 張人頭牌中抽出 1 張牌後，愛麗絲表示：「抽出了黑色的牌。」此時，卡牌為♠J 的機率是？

由梨：「愛麗絲是誰？」

我：「抽牌的人，身分是誰都可以。愛麗絲抽出牌並看了牌面，給出『抽出了黑色的牌』的提示。由梨不曉得花色大小，則該卡牌為♠J 的機率是？」

由梨：「$\dfrac{1}{12}$ 吧？」

我：「秒答耶。」

由梨：「抽出♠J 的機率，在問題 2-1 計算過了啊。12 張中的 1 張，所以機率是 $\dfrac{1}{12}$。」

我：「愛麗絲給出的提示呢？」

由梨：「跟提示沒有關係吧。不是已經抽完牌了嗎？就算聽了提示，機率也不會改變。」

我：「然而，事實並非如此。機率會改變喔。」

由梨:「啥?」

我:「只要套用機率的定義就能夠明白。我們來討論問題2-4中『所有的情況』和『關注的情況』,所有的情況有 6 種、關注的情況有 1 種。這可由撲克牌的分數形式來幫助理解。」

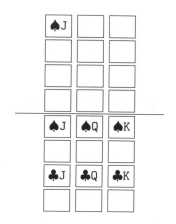

由梨:「怎麼回事?」

我:「我們不曉得愛麗絲抽出什麼牌,但得到牌為黑色的提示。由於黑色牌僅有♠和♣,所以所有的情況數不是 12 而是 6。」

由梨:「啊,要這樣思考啊?」

我:「嗯,是的。」

由梨:「『所有的情況』改變了。」

我:「畢竟在討論可能發生的『所有的情況』時,不會包含♡Q

等牌面嘛。」

由梨：「若知道牌面是黑色的，就不會有抽出♡的情況。」

我：「沒錯。雖然黑色這個提示不會改變已經抽出的牌，但會改變討論的機率。以這個問題為例，黑色這個提示改變了『所有的情況數』。」

由梨：「原來如此……如果在愛麗絲抽出牌之前，抽出♠J 的機率會是 $\frac{1}{12}$ 嗎？」

我：「是的。因為 12 張人頭牌都有可能抽出。不過，愛麗絲抽完牌後，對聽到黑色提示的人來說，牌面為♠J 的機率變成 $\frac{1}{6}$。」

由梨：「對已經看了牌的愛麗絲而言呢？」

我：「愛麗絲抽出牌並看了牌面，若該牌是♠J，對愛麗絲來說牌面為♠J 的機率為 1；若該牌不是♠J，對愛麗絲來說牌面為♠J 的機率為 0 喔。」

由梨：「對哦，還可以這樣想啊。」

我：「愛麗絲抽完牌後，牌本身不會變化。但可能發生的情況會不同，『所有的情況』改變了。若沒有注意『以什麼為整體』，就會搞錯結果。畢竟，機率是在討論『整體中占多少比例？』」

由梨：「嗯哼嗯哼！」

> 解答 2-4（給予提示的機率）
>
> 從 12 張人頭牌中抽出 1 張牌後，愛麗絲表示：「抽出了黑色的牌。」此時，卡牌實際為♠J 的機率是 $\frac{1}{6}$。

## 2.7 使用乘法運算

我：「如妳所說，計數情況數就能夠知道機率。不過，重要的是，同時考慮『所有的情況數』和『關注的情況數』。」

由梨：「機率就是

$$\frac{\text{關注的情況數}}{\text{所有的情況數}}$$

嘛？所以這很理所當然啊。」

我：「沒錯。按照定義來說，的確很理所當然。但是，若沒有特別意識到，不會直接從定義去思考。」

由梨：「的確⋯⋯」

我：「啊，對了。根據給予提示的情況，也能夠用乘法進行計算。像是問題 2-4 可這樣計算。」

$$抽出♠J 的機率 ＝ 抽出黑色的機率 × 黑色中抽出♠J 的機率$$

$$\updownarrow \qquad\qquad \updownarrow \qquad\qquad \updownarrow$$

$$\frac{1}{12} \quad = \quad \frac{1}{2} \quad \times \quad \frac{1}{6}$$

由梨：「嗯哼。」

我：「這也可以說是用兩階段討論。」

由梨：「兩階段……啊！意思是

從所有人頭牌抽出♠J，

相當於

從所有人頭牌抽出黑色，再由黑色中抽出♠J？

喵來如此！」

由梨的眼睛閃亮起來，但馬上就變得一臉摸不清頭緒的模樣。

我：「怎麼了？」

由梨：「嗯……吶，哥哥。我瞭解了哥哥說的內容，但為什麼一定要用乘法討論呢？只要計數所有情況，不就能知道抽出♠J 的機率。這樣的話，直接計數就好了啊！全部有 12 種情況，發生其中的 1 種。明明可以直接計數，為何還要刻意用乘法求機率呢？」

我：「這是因為有時用乘法討論比較方便。」

由梨：「誒……」

## 2.8　抽出黑色和紅色彈珠的機率

我：「我們來討論像這樣的問題。」

---

**問題 2-5**（抽出黑色和紅色彈珠的機率）

已知 A 和 B 兩個箱子裝有許多彈珠，全部彈珠的重量相同，有黑色、白色、紅色、藍色四種顏色。

- A 箱裝有合計 4kg 的彈珠：
  - 黑色彈珠 1kg
  - 白色彈珠 3kg
- B 箱裝有合計 3kg 的彈珠：
  - 紅色彈珠 1kg
  - 藍色彈珠 2kg

充分混攪兩箱中的彈珠，分別從 A 箱和 B 箱抽出 1 顆彈珠。此時，抽出黑色和紅色彈珠的機率是？

---

由梨：「已知的資訊只有重量嗎？」

我：「是的，我們可以像這樣統整成表格。

|     | 黑 | 白 | 紅 | 藍 | 合計 |
|-----|-----|-----|-----|-----|-----|
| A 箱 | 1 kg | 3 kg | 0 kg | 0 kg | 4 kg |
| B 箱 | 0 kg | 0 kg | 1 kg | 2 kg | 3 kg |

雖然知道重量，但不曉得裝入了多少顆。那麼，抽出的機率是？」

由梨：「A 箱抽出黑色的機率是 $\frac{1}{4}$ 嗎？」

我：「沒錯，為什麼這麼認為呢？」

由梨：「因為全部為 4kg、黑色的有 1kg……雖然不曉得顆數，但比例是 $\frac{1}{4}$ 嘛。」

我：「沒錯。若是 A 箱裝有 m 顆黑色彈珠，則 A 箱中全部應該會有 4m 顆彈珠。從中抽出 1 顆時，抽出黑色的機率會是

$$\frac{m}{4m} = \frac{1}{4}$$

雖然機率是定義成情況數的比例，但在問題 2-5 能夠以重量的比例決定機率。」

由梨：「對吧。」

我：「同樣地，若是 B 箱裝有 $m'$ 顆紅色彈珠，則 B 箱中全部應該會有 $3m'$ 顆彈珠。從中抽出 1 顆時，抽出紅色的機率會是

$$\frac{m'}{3m'} = \frac{1}{3}$$

只要分別計算從 A 箱抽出黑色、從 B 箱抽出紅色的機率，就能夠用乘法計算抽出黑色和紅色的機率。」

由梨：「哦──」

我：「如同使用乘法求♠J 的機率一般，可以畫出圖形幫助理解。」

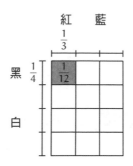

黑色的機率 $\frac{1}{4}$ × 紅色的機率 $\frac{1}{3}$ = 黑色和紅色的機率 $\frac{1}{12}$

由梨：「……」

我：「使用長度的比例表示機率。

- 黑色的長度是縱長的 $\frac{1}{4}$，
  相當於從 A 箱抽出黑色的機率；
- 紅色的長度是橫長的 $\frac{1}{3}$，
  相當於從 B 箱抽出紅色的機率。

然後，使用面積的比例表示抽出黑色和紅色的機率 $\frac{1}{12}$，
黑色和紅色形成的面積是整體面積的 $\frac{1}{12}$。」

---

**解答 2-5**（抽出黑色和紅色彈珠的機率）

從 A 箱抽出黑色彈珠的機率是 $\frac{1}{4}$；從 B 箱抽出紅色彈珠的機率是 $\frac{1}{3}$，所以抽出黑色和紅色彈珠的機率是

$$\frac{1}{4} \times \frac{1}{3} = \frac{1}{12}$$

---

由梨：「『抽出黑色和紅色』跟『抽出♠J』是類似的情況嘛。」

我：「沒錯，就是這麼回事。由機率的觀點來看，兩者是類似的情況。」

由梨：「我瞭解機率的乘法了！當出現兩個機率，相乘起來就對了！」

我：「不，不能夠想得這樣單純。『抽出黑色和紅色』『抽出♠J』的計算，都是在討論比例。畢竟，機率是討論『整體中占多少比例？』」

由梨：「因為是計算比例，相乘起來就好了啊。」

我：「即便出現兩個機率，也要仔細思考數值的意義，不能單純地直接相乘起來喔。」

由梨：「相乘行不通的時候，討論情況數不就好了？」

我：「即便不曉得具體的情況數，有時也會以機率來表達，像是根據過去的統計、經驗，大致推測某件事發生的百分

率，這種數值又稱為統計的機率、經驗的機率。」

由梨：「不是很明白。」

我：「常見的例子有，像是機械故障的問題。」

## 2.9 機械故障

> 問題 2-6（機械故障）
> 某機械使用了容易損壞的兩個零件 A 和 B，已知發生故障的機率分別為
>
> - A 的年故障率為 20%
> - B 的年故障率為 10%
>
> 此時，可說「A 和 B 一年內皆發生故障的機率為 2%」嗎？

由梨：「可以——但也不可以！」

我：「到底可不可以？」

由梨：「20%的 10%是 2%，但哥哥剛剛說不可用乘法計算……」

我：「別打馬虎眼啦。由梨是相乘 20%和 10%嘛。」

由梨：「嗯，20%再乘 10%就是 2%嘛？沒有算錯吧？」

$$20\% \times 10\% = 2\%$$

$$\updownarrow \qquad \updownarrow \qquad \updownarrow$$

$$0.2 \ \times \ 0.1 \ = 0.02$$

我：「嗯，計算上沒有錯。」

由梨：「那麼，可以說是 2%嗎？」

我：「不能說是 2%。」

---

解答 2-6（機械故障）

不能說 A 和 B 一年內皆發生故障的機率為 2%。

---

由梨：「如果不是 2%，那是幾%？」

我：「也不能說不是 2%。」

由梨：「到底可不可以啊！」

我：「若僅根據問題 2-6 的題意，機率不能說是 2%，但也不能
　　說不是 2%，是多少%我們並不曉得。」

由梨：「什麼跟什麼啊！黑色和紅色彈珠的時候，不就是相乘
　　起來嗎？這次不能夠也相乘起來嗎？」

我：「抽出彈珠和機械故障是不同的情況。」

由梨:「什麼意思？」

我：「在抽出彈珠的問題中──

- 是否從 A 箱抽出黑色彈珠
- 是否從 B 箱抽出紅色彈珠

──兩事件互相獨立。」

由梨:「獨立？」

我：「從 A 箱抽出黑色彈珠，不會影響從 B 箱抽出紅色彈珠的機率。」

由梨:「嗯？」

我：「A 箱和 B 箱是不同的箱子，即便沒有從 A 箱抽出黑色彈珠，從 B 箱抽出紅色彈珠的機率仍是 $\frac{1}{3}$。」

由梨:「這不是理所當然嗎？」

我：「然而，機械故障又如何呢？A 發生故障後，有可能讓 B 變得更容易發生故障。」

由梨:「A 零件的螺絲如果鬆掉，B 零件的螺絲也可能跟著鬆動──之類的嗎？」

我：「沒錯！就像是妳舉的例子。」

由梨:「嗯……但這算是陷阱題吧！如果不知道 A 故障和 B 故障是什麼情況的話，就無法計算嘛！」

我：「是的，若加上 A 故障和 B 故障互相獨立發生的條件，兩

者皆發生故障的機率可說是 2%。不過，若沒有這項條件，就無法斷言。」

由梨：「沒辦法果斷得到答案，真沒意思。」

我：「但是，有趣的地方就在這裡。」

由梨：「咦？」

我：「若是 A 和 B 發生故障互相獨立，則兩者皆發生故障的機率應該是 2%。」

由梨：「相乘兩個機率得到的機率。」

我：「是的。然後，如果——我是說如果，調查發現 A 和 B 一起發生故障的機率大於 2%。」

由梨：「不是 2%而是 50%之類的嗎？」

我：「這不可能喔。畢竟，A 發生故障的機率是 20%、B 發生故障的機率是 10%，皆發生的機率應該會小於兩者。」

由梨：「對哦。那麼，4%如何？」

我：「嗯，就假設為 4%吧。如此一來，會變成

A 故障的機率×B 故障的機率＜ A 和 B 皆發生故障的機率

$$\updownarrow \qquad\qquad \updownarrow \qquad\qquad\qquad \updownarrow$$

$$20\,\% \quad\times\quad 10\,\% \quad<\quad 4\,\%$$

根據這項結果，可說兩者的故障存在某種關係。」

由梨：「啊？我要質疑！光是相乘機率進行比較，就能夠知道 A 的故障會造成 B 發生故障嗎？」

我：「不，沒有辦法知道。存在某種關係的意思是──A 發生故障時，B 也很有可能發生故障。並不知道為何會這樣的理由，也無法得知是否有因果關係。」

由梨：「因果關係？」

---

## 2.10　無法得知因果關係

我：「所謂的因果關係，是指原因和結果的關係。因為 A 的發生，引發 B 的結果──這種關係。剛才所說的並非因果關係。」

由梨：「啊，這樣啊。但是，如果 A 和 B 兩者皆容易發生故障，有可能是因為 A 故障，造成 B 發生故障嘛。」

我：「或許是如此，但也有可能是相反的情況：因為 B 故障，造成 A 發生故障。光從兩者皆容易發生故障，無法判斷誰是因誰是果。」

由梨：「啊，的確。」

我：「然後，也有可能是完全不同的原因 C，造成 A 和 B 兩者皆發生故障。比方說──因為 C 鬆動沒有鎖緊，引起 A 和 B 兩者皆發生故障。」

由梨：「這樣啊，無法得知因果關係。我明白了。」

## 2. 11　故障的計算

我：「我們剛才假設，A 和 B 兩者同時發生故障的機率是 4%。
那此時，能夠計算 A 和 B 兩者皆不發生故障的機率嗎？」

由梨：「若兩者皆發生是 4%，兩者皆不發生會是 96% 嘛——
啊，不對，剛才的不算！還有其中一邊發生的情況！」

我：「例如這樣的問題。」

---

問題 2-7（故障的機率）
某機械使用了容易損壞的兩個零件 A 和 B，已知發生故障
的機率分別為

- A 的年故障率為 20%
- B 的年故障率為 10%
- A 和 B 一年內皆發生故障的機率為 4%。

此時，A 和 B 一年內皆不發生故障的機率是？

---

由梨：「只有這些——能夠計算兩者皆不發生的機率嗎？」

我：「可以。機率是討論『整體中占多少比例？』所以只要整
理『以什麼為整體』就能夠計算。為此，我們將 A 和 B 的
故障狀況『寫成表格討論』吧。」

|  | B | $\overline{B}$ | 合計 |
|---|---|---|---|
| A |  |  |  |
| $\overline{A}$ |  |  |  |
| 合計 |  |  | 100% |

由梨：「A 上面加一槓的 $\overline{A}$ 是什麼？」

我：「A 表示 A 發生故障的情況，$\overline{A}$ 表示不發生故障的情況，這是約定俗成的習慣。使用這個表格統整有關 A 故障和 B 故障的情況吧。」

由梨：「已知的有 20%、10% 和 4%。」

我：「嗯，是的。題目給予的有

- A 發生故障的機率為 20%
- B 發生故障的機率為 10%
- A 和 B 皆發生故障的機率為 4%

將它們分別填入表格吧。首先，A 發生故障的機率 20% 是——」

由梨：「填在這裡？」

|  | B | B̄ | 合計 |
|---|---|---|---|
| A |  |  | 20% |
| Ā |  |  |  |
| 合計 |  |  | 100% |

A 發生故障的機率為 20%

我：「不錯！那麼，妳知道 B 發生故障機率填在哪邊嗎？」

由梨：「填在這裡，10%」

|  | B | B̄ | 合計 |
|---|---|---|---|
| A |  |  | 20% |
| Ā |  |  |  |
| 合計 | 10% |  | 100% |

B 發生故障的機率為 10%

我：「那麼，A 和 B 皆發生故障的機率填在哪邊呢？」

由梨：「左上角……」

|  | B | B̄ | 合計 |
|---|---|---|---|
| A | 4% |  | 20% |
| Ā |  |  |  |
| 合計 | 10% |  | 100% |

A 和 B 皆發生故障的機率為 4%

我：「沒錯。這樣已知的資訊都填進表格了。」

由梨：「剩下的也填一填嘛！只要做減法運算就行了。A 不發生故障的機率是 100 − 20＝80% 嘛。」

| | B | B̄ | 合計 |
|---|---|---|---|
| A | 4% | | 20% |
| Ā | | | 80% |
| 合計 | 10% | | 100% |

**A 不發生故障的機率為 80%**

我：「B 不發生故障的機率是——」

由梨：「相減就行了，100 − 10＝90%。」

| | B | B̄ | 合計 |
|---|---|---|---|
| A | 4% | | 20% |
| Ā | | | 80% |
| 合計 | 10% | 90% | 100% |

**B 不發生故障的機率為 90%**

我：「剩下的也沒問題吧？」

由梨：「嗯！縱向和橫向全部都能夠做減法！」

| | B | B̄ | 合計 |
|---|---|---|---|
| A | 4% | 16% | 20% |
| Ā | 6% | 74% | 80% |
| 合計 | 10% | 90% | 100% |

**填完所有表格**

我：「不錯！」

由梨：「所以，A 和 B 皆不發生故障的機率是 74%！」

---

### 解答 2-7（故障的機率）

根據題目給予的機率作成下述表格，可知 A 和 B 一年內皆不發生故障的機率是 74%。

|  | B | $\overline{B}$ | 合計 |
|---|---|---|---|
| A | 4% | 16% | 20% |
| $\overline{A}$ | 6% | 74% | 80% |
| 合計 | 10% | 90% | 100% |

---

我：「完成了。」

由梨：「我明白了！」

我：「嗯？」

由梨：「那個，我明白要用機率『寫成表格討論』的理由了。簡單說就是，因為寫成表格比較容易看出『以什麼為整體』！」

我：「沒錯。」

由梨：「我 100% 理解了！」

我：「吶，由梨……妳說的 100%，是以什麼為整體？」

「若決定不了以什麼為整體，那也決定不了以什麼為一半。」

# 第 2 章的問題

●問題 2-1（12 張撲克牌）

將 12 張人頭牌充分洗牌，從中抽出 1 張牌，試分別求出①
～ ⑤ 的機率。

12 張人頭牌

① 抽出♡Q 的機率。

② 抽出 J 或者 Q 的機率。

③ 不抽出♠的機率。

④ 抽出♠或者 K 的機率。

⑤ 抽出♡以外的 Q 的機率。

（解答在 p.283）

●問題 2-2（投擲 2 枚硬幣，且第 1 枚出現正面）
依序投擲 2 枚硬幣，已知第 1 枚出現正面，試求 2 枚皆為正面的機率。

（解答在 p.286）

●問題 2-3（投擲 2 枚硬幣，至少出現 1 枚正面）
依序投擲 2 枚公正的硬幣，已知至少 1 枚出現正面，試求 2 枚皆為正面的機率。

（解答在 p.287）

●問題 2-4（抽出 2 張撲克牌）

從 12 張人頭牌中抽出 2 張牌時，試求 2 張皆為 Q 的機率。

① 從 12 張中抽出第 1 張，再從剩下的 11 張中抽出第 2 張的情況

② 從 12 張中抽出第 1 張，放回洗牌後再從 12 張中抽出第 2 張的情況

（解答在 p.288）

第 3 章

# 條件機率

「若未決定以什麼為整體，更不用說要討論一半的情況。」

## 3.1 不擅長機率

我：「……我們像這樣聊了有關機率的話題。」

蒂蒂：「機率是討論『以什麼為整體』──我之前都沒有這麼想過。」

蒂蒂一臉認真地說道。
我和學妹蒂蒂待在高中的圖書室，
閒聊著之前跟由梨講解的機率。

我：「機率是看『整體中占多少比例？』嘛。」

蒂蒂：「嗯……我不太擅長機率。」

我：「因為計算有些複雜的關係嗎？」

蒂蒂：「這個嘛……計算上沒有什麼問題。不過，即便是開玩笑，我也沒辦法像由梨一樣說出『100%理解』。」

我：「不過，不習慣的話，的確會覺得困難。」

蒂蒂：「我知道投擲硬幣時，擲出正面的機率是 $\frac{1}{2}$。我也知道投擲骰子時，擲出 ⚂ 的機率是 $\frac{1}{6}$。遇到解不開的問題時，閱讀詳解能夠感受到原來如此。」

我：「嗯，不過？」

蒂蒂：「不過，經過一段時間後，『原來如此先生』就會閒晃著消失……留下我一個人。」

我：「原來如此先生……會將『原來如此』擬人化的人，大概就只有蒂蒂吧。」

我們笑了一陣子。
然後蒂蒂又收斂起表情。

蒂蒂：「但是，關於機率，我真的有很多想不通的地方。」

我：「例如什麼地方？」

蒂蒂翻開又蓋起手邊的筆記本，思索了一會兒。

蒂蒂：「嗯……非常基本的地方也沒關係嗎？」

我：「當然沒關係。」

蒂蒂：「有關機率的說明，經常以『相同的可能性』來解釋。我總是想不通『可能性』這個詞彙。」

## 3.2 相同的可能性

我：「啊，原來如此。我好像瞭解妳的感受。」

蒂蒂：「每當閱讀書籍碰到『可能性』這個詞彙，我就會有絆
到石頭的感覺。」

蒂蒂張開雙手平衡，做出差點絆倒的姿勢。

我：「這麼說來，向由梨說明機率的時候，我沒有使用到『可
能性』這個詞彙。」

蒂蒂：「是的。剛才學長聊到的是『容易發生』，『容易發
生』比『可能性』更能夠理解。容易發生、容易產生、容
易出現……若是這樣的描述，我就能夠想得通。」

我：「『可能性』或許是為了配合『機率』這個用語，涵蓋『有
機會發生的概率』的意思。」

蒂蒂：「或許有可能吧……但是，只要聽到『相同的可能性』
就很難冷靜。」

我：「我向由梨解釋的時候，是用『同樣容易發生』的說法。
兩者是相同的意思。」

蒂蒂：「……」

我：「蒂蒂？」

　　雖然蒂蒂平時顯得毛毛躁躁的，但在思考的時候總是很認真，經常反覆拋出不容易注意到的「根本問題」。

---

## 3.3　機率與情況數

蒂蒂：「啊，對、對不起，我突然覺得⋯⋯這有點像是『情況數』。」

我：「什麼有點像是情況數？」

蒂蒂：「前面提到『原來如此先生』會閃晃消失。我在機率感到困難的地方，和在情況數感到困難的地方有點類似。計算本身複雜但並不困難，可是即便求得問題的答案，也不太會有『瞭解的感覺』。閱讀詳解時會感覺到『原來如此』，但不久後就又會想不通了⋯⋯」

我：「嗯、嗯。」

蒂蒂：「哎呀⋯⋯剛才才成為朋友的『原來如此先生』，不曉得跑去哪裡了？真令人困擾。」

我：「畢竟機率和情況數類似，機率許多時候會回歸到情況數。」

蒂蒂：「回歸──怎麼說？」

我：「若假設所有情況同樣容易發生，機率會定義成

$$\frac{現在關注的情況數}{所有的情況數}$$

所以，

　　『計算機率』

到頭來都會回歸到

　　『計算情況數』

。」

蒂蒂：「原來如此……然後，機率會用到平時不太常用的詞彙，或許也是我沒有『瞭解的感覺』的原因吧。感覺不是很能明白意思。」

我：「不常用的詞彙，是指試驗、事件、機率分布之類的嗎？」

蒂蒂：「對、對，我特別不擅長**條件機率**……」

我：「原來如此。那麼，我們從最基本的地方開始複習吧。」

蒂蒂：「好的，麻煩學長了！如果可以，請盡可能具體一點……」

---

## 3.4 試驗與事件

我：「我們舉投擲骰子 1 次為例，來整理機率中會出現的用語吧。」

蒂蒂：「好的。」

我：「首先，投擲骰子本身受到偶然所支配。形容成受到偶然所支配，或許有些誇張，但骰子得實際擲出才能夠知道結果，且每次的結果可能有所不同。」

蒂蒂：「說的也是，也有可能擲出相同的結果。」

我：「是的。因此，我們必須反覆多次操作。我們討論機率的時候，會受到偶然所支配，即便實際上僅需要進行 1 次，也得反覆多次操作。」

蒂蒂：「我明白了。」

我：「試驗是如同投擲骰子 1 次，受到偶然所支配，需要反覆多次操作的行為。」

蒂蒂：「嗯，試驗的英文是 trial。」

我：「喔喔！不愧是蒂蒂，竟然記得它的英文。真厲害。」

蒂蒂：「沒有啦⋯⋯在學習機率的時候，碰到困難的詞彙，就查了一下對應的英文。」

我：「嗯，試驗就是 trial。然後，**事件**是進行試驗時發生的情況。」

蒂蒂：「事件的英文是 event。換成英文後，就感覺變簡單了。」

我：「是啊，trial 和 event 都感覺不難。」

蒂蒂：「機率的英文是 probability，雖然單字挺長的，但想成是 probable——可能發生的——這個單字的名詞，就能夠明白了。」

我：「原來如此。那麼，我們現在來進行

『投擲骰子 1 次的試驗』，

其結果必定會是

⚀, ⚁, ⚂, ⚃, ⚄, ⚅

這 6 種情況之一。」

蒂蒂：「嗯，是的。」

我：「所以，只要組合這 6 種情況，就能夠表達『投擲骰子 1 次的試驗』可能發生的事件。」

蒂蒂：「嗯……具體來說是……？」

我：「例如，『擲出 ⚂ 的事件』可表達成 { ⚂ }。」

「擲出 ⚂ 的事件」＝ { ⚂ }

蒂蒂：「好的。」

我：「然後，『擲出偶數點的事件』可表達成 { ⚁、⚃、⚅ }。

『擲出偶數點的事件』＝ { ⚁、⚃、⚅ }

投擲骰子 1 次時只要出現 ⚁、⚃ 或者 ⚅，就可說發生『擲出偶數點的事件』。」

蒂蒂：「啊，原來如此。這個也是事件啊……這樣的話，『擲出奇數點的事件是 { ⚀、⚂、⚄ } 嘛。」

「擲出奇數點的事件」＝ { $\overset{1}{\boxdot}$、$\overset{3}{\boxdot}$、$\overset{5}{\boxdot}$ }

我：「是的，其他還有『擲出 3 的倍數的事件』『擲出 4 以上點數的事件』『擲出點數小於 3 的事件』……」

「擲出 3 的倍數的事件」＝ { $\overset{3}{\boxdot}$、$\overset{6}{\boxdot}$ }

「擲出 4 以上點數的事件」＝ { $\overset{4}{\boxdot}$、$\overset{5}{\boxdot}$、$\overset{6}{\boxdot}$ }

「擲出點數小於 3 的事件」＝ { $\overset{1}{\boxdot}$、$\overset{2}{\boxdot}$ }

⋮

蒂蒂：「我明白了。後面還有很多種事件。」

我：「是的，雖然還有很多種事件，但只要組合從 $\overset{1}{\boxdot}$ 到 $\overset{6}{\boxdot}$ 6 種要素，就能夠表達『投擲骰子 1 次的試驗』可能發生的事件。」

蒂蒂：「理所當然啊。投擲骰子後，只會出現 $\overset{1}{\boxdot}$ 到 $\overset{6}{\boxdot}$ 其中一種情況。」

我：「是的。如同 { $\overset{1}{\boxdot}$、$\overset{2}{\boxdot}$、$\overset{3}{\boxdot}$、$\overset{4}{\boxdot}$、$\overset{5}{\boxdot}$、$\overset{6}{\boxdot}$ }，集結所有要素的事件，稱為**全事件**或者必然事件。」

「全事件」＝ { $\overset{1}{\boxdot}$、$\overset{2}{\boxdot}$、$\overset{3}{\boxdot}$、$\overset{4}{\boxdot}$、$\overset{5}{\boxdot}$、$\overset{6}{\boxdot}$ }

蒂蒂：「原來如此。」

我：「然後，像是 { $\overset{3}{\boxdot}$ } { $\overset{5}{\boxdot}$ }，這種由單一要素組成、無法再進行分割的事件，稱為**基本事件**或者簡單事件。『投擲

骰子 1 次的試驗』的基本事件，有下述 6 種情況。」

$$\{\overset{1}{\boxdot}\}, \quad \{\overset{2}{\boxdot}\}, \quad \{\overset{3}{\boxdot}\}, \quad \{\overset{4}{\boxdot}\}, \quad \{\overset{5}{\boxdot}\}, \quad \{\overset{6}{\boxdot}\}$$

**「投擲骰子 1 次的試驗」的基本事件有 6 種**

蒂蒂：「原來如此，我瞭解了。話說回來，學長，在表示事件的時候，會用大括號框起發生的要素嘛。我記得……這是集合吧？」

我：「是的。是把在『投擲骰子 1 次的試驗』中發生的事件，表達成具有 $\overset{1}{\boxdot}$ 到 $\overset{6}{\boxdot}$ 等幾個**要素**的**集合**喔。在具體排列要素表達集合的時候，一般約定俗成會使用大括號框起來。」

蒂蒂：「請等一下。這讓我愈來愈混亂了。例如，

$$\{\overset{3}{\boxdot}\}$$

是集合還是事件？」

我：「都可以喔。說成『集結 $\overset{3}{\boxdot}$ 單一要素的集合』，或者『擲出 $\overset{3}{\boxdot}$ 的事件』都正確。」

蒂蒂：「兩邊都正確！還有都正確這種情況！？」

我：「有的。例如，假設妳考試拿到 100 分，這個 100 可以說是整數，也能說是考試的分數。100 說成整數或者分數都正確，和這是類似的情況。嗯，100 分是使用整數 100 表示分數——這樣說明會比較合適吧。」

蒂蒂：「原來如此！{ 🎲 } 可以當作集合，也能夠當作事件！」

我：「集合是數學中非常基本的概念，可用來描述各種情況。而機率是使用集合表達事件，能夠幫助統整處理要素。」

蒂蒂：「嗯，這樣就清楚了。然後，{ 🎲 } 等只含有單一要素，也稱為集合嗎？集合──給人包含許多要素的印象……」

我：「是的。要素僅有 1 個是集合，甚至 0 個也是集合。0 個要素的集合稱為**空集合**，記為

$$\{\,\}$$

空集合也可記為

$$\varnothing$$

{ } 的寫法可明顯看出不含有要素，但我們也常使用 $\varnothing$ 的寫法。然後，將空集合當作事件時，表示絕對不會發生的事件，也就是**空事件**。」

蒂蒂：「啊，請等一下，我的腦袋快要爆炸了。稍微讓我整理一下。」

- 受到偶然所支配、反覆多次的行為，稱為試驗
- 發生的試驗結果，稱為事件
- 不能夠再細分的事件，稱為基本事件、簡單事件

- 必定發生的事件，稱為全事件
- 絕不發生的事件，稱為空事件
- 使用集合表示事件
- 集合可用大括號框起要素

我：「是的，沒錯。」

蒂蒂：「明明發生的試驗結果為事件，但也有絕不會發生的事件，真不可思議。」

我：「的確不可思議。不過，有時用空事件討論會比較方便。」

蒂蒂：「誒……」

我：「例如，『投擲骰子 1 次的試驗』絕對不會同時出現 $\boxed{1}$ 和 $\boxed{6}$。這可以表達成，『同時出現 $\boxed{1}$ 和 $\boxed{6}$ 的事件』等於空事件。」

蒂蒂：「原來如此，能夠表達不發生的情況。」

我：「雖然詳細瞭解用語的意義很重要，但不須要過於拘泥字面上的意思。肯定發生的全事件、絕不發生的的空事件，都可視為事件的一種。」

蒂蒂：「我明白了。」

## 3.5　投擲硬幣 1 次

我：「那麼，接著討論投擲硬幣 1 次吧。」

蒂蒂：「好的，是討論『投擲硬幣 1 次的試驗』嘛！」

我：「沒錯！『投擲硬幣 1 次的試驗』的全事件是？」

蒂蒂：「我知道。投擲硬幣 1 次只會出現正面或者反面，所以
全事件可用集合表達成

$$\{ 正，反 \}$$

沒錯吧？」

我：「是的。」

蒂蒂：「｛正，反｝和｛反，正｝兩種寫法都可以嗎？」

我：「嗯，都可以。排列要素表示集合時，要素的順序並沒有
限制。重要的是，集合包含了哪些要素。」

蒂蒂：「我明白了。」

我：「那麼，妳能夠舉出『投擲硬幣 1 次的試驗』中的所有事
件嗎？」

蒂蒂：「嗯……剛才的全事件也是事件嘛？」

我：「是的。」

蒂蒂：「『出現正面的事件』是｛正｝，『出現反面的事件』
是｛反｝……啊，還有空事件的｛｝！」

我：「嗯，正確。這 4 個就是『投擲硬幣 1 次的試驗』中的所有事件。」

$$\{\ \} \qquad\text{「絕不發生的事件」（空事件）}$$

$$\{\text{正}\} \qquad\text{「擲出正面的事件」（基本事件）}$$

$$\{\text{反}\} \qquad\text{「擲出反面的事件」（基本事件）}$$

$$\{\text{正},\text{反}\} \qquad\text{「肯定發生的事件」（全事件）}$$

**「投擲硬幣 1 次的試驗」中的所有事件**

---

## 3.6　投擲硬幣 2 次

我：「接著，討論投擲硬幣 2 次的情況吧。」

蒂蒂：「好的。」

我：「將『投擲硬幣 2 次』當作單一試驗，此時的全事件是？」

蒂蒂：「因為是投擲硬幣 2 次的結果，全事件會是

$$\{\text{正正},\text{反正},\text{正反},\text{反反}\}$$

。」

我：「嗯，沒錯。將該全事件命名為 U 後，U 可像這樣來表達。」

$$u = \{ 正正，反正，正反，反反 \}$$

蒂蒂：「我明白了。」

我：「那麼——」

蒂蒂：「然後，我又不明白了。」

我：「咦？」

蒂蒂：「學長剛才說將『投擲硬幣 2 次』當作單一試驗，但『投擲硬幣 <u>1 次</u>』不就是 1 個試驗了嗎？然後，全事件不是 {正，反} 嗎？」

我：「啊，是這邊不懂啊。現在討論的重點是將 什麼當作單一試驗，所以兩種情形都可以，重要的是如何決定。」

蒂蒂：「兩種情形都可以？」

---

## 3.7　將什麼當作試驗？

我：「我們準備討論機率的時候，不會自己『被動決定』將什麼當作試驗，而是我們『主動決定』。」

蒂蒂：「不是『被動決定』而是『主動決定』……？」

我：「不用想得太過困難喔。

• 將『投擲 2 次』當作單一試驗，進行 1 次試驗
• 將『投擲 1 次』當作單一試驗，進行 2 次試驗

兩種情形都可以——我是這個意思。在討論投擲硬幣 2 次的情況時，我們須要『主動決定』將什麼當作試驗。」

蒂蒂：「好像……稍微明白了。」

我：「正因為如此，須要表明將什麼當作試驗，否則會不曉得議論的前提是什麼。然後，我們現在將『投擲 2 次』當作單一試驗。」

蒂蒂：「原來如此……」

我：「此時，假設『2 次擲出相同面』的事件為 A。妳能夠具體列出 A 嗎？」

蒂蒂：「『正正』或者『反反』，所以是

$$A = \{ 正正，反反 \}$$

嘛。」

我：「是的，正確！」

蒂蒂：「我好像——跟試驗和事件稍微成為朋友了……」

我：「那就好。前面聊了試驗和事件的話題，後面終於要開始講機率了！」

蒂蒂：「好的！」

## 3.8　機率與機率分布

我：「我們在討論機率的時候，不是只是單純思考機率，而是要探討某事件發生的機率。」

蒂蒂：「是的……這不是理所當然嗎？」

我：「嗯，理所當然。我們是針對事件來探討機率。」

蒂蒂：「具體來說……」

我：「嗯……對了，前面提到投擲硬幣 2 次的例子嘛。我們假設『2 次擲出相同面』的事件為 A，來討論事件 A 發生的機率是多少。」

蒂蒂：「好的。因為所有的情況有 4 種，擲出相同面的有『正正』和『反反』，所以計算後得到 $\frac{1}{2}$。」

我：「是的。若是公正的硬幣，的確是如此。然後，我們將焦點放在

　　　主動決定一個事件後，會被動決定出一個機率

這個觀點上吧。」

蒂蒂：「啊？」

我：「主動決定一個事件後，會被動決定出一個機率——這可以想成給予事件得到實數的函數。」

蒂蒂：「函數……」

我：「主動決定一個事件後，會被動決定出一個機率。這會形成『一個主動決定，產生一個被動決定』的函數。」

蒂蒂：「在函數 $f(x)=x^2$ 中，主動決定一個 $x$ 值後，會被動決定一個 $f(x)$ 值──之類的嗎？」

我：「沒錯！就是這麼回事！妳剛才將 $x$ 值對應 $x^2$ 值的函數命名為 $f$。同樣地，我們會將求得機率的函數命名為

$$Pr$$

。」

蒂蒂：「這個 $Pr$ 就是機率嘛。」

我：「正確來說，$Pr$ 稱為**機率函數**、**機率分布函數**。」

蒂蒂：「機率分布……跟機率是不同的東西？」

她眨了眨那雙大大的眼睛，盯著我瞧。

我：「嚴謹來說，機率分布 $Pr$ 是關於事件決定機率數值的函數，而由一個事件 A 所得到的實數 $Pr(A)$ 是機率喔。」

蒂蒂：「我感到困難的就是這個地方。」

我：「使用妳剛才舉的函數 $f(x)=x^2$，可能比較容易理解。將實數 3 代入函數 $f$ 後，可用式子 $f(3)$ 表達所得到的實數，式子 $f(3)$ 的具體數值是 $3^2$ 也就是 9。$f$ 是函數的名稱，而 $f(3)$ 是實數 3 代入函數 $f$ 時的實數。」

蒂蒂：「……好的。」

我：「跟這是類似的關係。將集合 A 代入函數 $Pr$ 後，可用式子 $Pr(A)$ 表達所得到的實數。$Pr$ 是函數的名稱，而 $Pr(A)$ 是集合 A 代入函數 $Pr$ 時的實數。換言之，A 是表達事件的集合，$Pr$ 是表達機率分布的函數，而 $Pr(A)$ 是表達機率的實數。」

| 將實數 3 代入 | 函數 $f$ 後， | 可得到實數 $f(3)$。 |
| 將集合 A 代入 | 函數 $Pr$ 後， | 可得到實數 $Pr(A)$。 |
| 將事件 A 代入 | 機率分布 $Pr$ 後， | 可得到機率 $Pr(A)$。 |

蒂蒂：「機率分布是，讓事件對應機率的函數……」

我：「沒錯！對於『此事件發生的機率有多少？』的問題，其答案也可稱為機率分布，只要知道機率分布，就能夠明白個別事件發生的機率。」

蒂蒂：「我好像稍微瞭解機率和機率分布了。」

我：「嗯，對了，我們來試著討論具體例子吧。」

## 3.9　投擲硬幣 2 次的機率分布

我：「我們正在討論『投擲硬幣 2 次』的試驗。全事件 U 是

$$U = \{ 反反，反正，正反，正正 \}$$

而基本事件有 4 個：

$$\{ 反反 \} 、 \{ 反正 \} 、 \{ 正反 \} 、 \{ 正正 \}$$

到這邊沒有問題吧。」

蒂蒂：「沒問題。」

我：「假設使用公正的硬幣、機率分布為 $Pr$，則可像這樣求基本事件的機率：

$$Pr( \{ 反反 \} ) = \frac{| \{ 反反 \} |}{| \{ 反反，反正，正反，正正 \} |} = \frac{1}{4}$$

$$Pr( \{ 反正 \} ) = \frac{| \{ 反正 \} |}{| \{ 反反，反正，正反，正正 \} |} = \frac{1}{4}$$

$$Pr( \{ 正反 \} ) = \frac{| \{ 正反 \} |}{| \{ 反反，反正，正反，正正 \} |} = \frac{1}{4}$$

$$Pr( \{ 正正 \} ) = \frac{| \{ 正正 \} |}{| \{ 反反，反正，正反，正正 \} |} = \frac{1}{4}$$

其中，$|X|$是指集合 $X$ 的要素數。」

集合的要素數
集合 $X$ 的要素數記為

$$|X|$$

※這裡僅討論有限集合。

蒂蒂：「要素數⋯⋯

　　　$|\{\text{反反}\}| = 1$　　　　　　　　　　　　要素數為 1 個
　　　$|\{\text{反反，反正，正反，正正}\}| = 4$　　要素數為 4 個

　　　例如這個樣子嗎？」

我：「是的。若 $A = \{\text{反反，正正}\}$，則也可如下表記。」

$$\Pr(A) = \frac{|A|}{|U|} = \frac{2}{4} = \frac{1}{2}$$

蒂蒂：「好的，我知道了。這樣的話，也可以這麼說吧？

$$\Pr(U) = 1$$

　　　畢竟

$$\Pr(U) = \frac{|U|}{|U|} = \frac{4}{4} = 1$$

　　　嘛！」

我：「沒錯。全事件 u 是肯定發生的事件，可知發生的機率
　　$Pr(u)$ 為 1。」

蒂蒂：「學長、學長！

$$Pr(\{\}) = \frac{|\{\}|}{|u|} = \frac{0}{4} = 0$$

所以可以說

$$Pr(\{\}) = 0$$

空事件發生的機率為 0 嘛！」

我：「是的。看來妳已經能清楚掌握用集合表達事件了。」

蒂蒂：「嗯⋯⋯雖然已經瞭解用集合表達事件了，但關鍵的集
　　合觀念還是不太清楚。」

我：「那麼，接著就來複習集合吧。如果不放心，可以多確認
　　幾次。」

## 3.10　交集與聯集

我：「存在 A 和 B 兩個集合時，集結所有同時屬於 A 和 B 的
　　要素而形成的集合，稱為集合 A 和 B 的**交集**。該集合包含
　　了所有 A 和 B 的共通要素。集合 A 和 B 的交集，約定俗
　　成會記為

$$A \cap B$$

　　。」

蒂蒂：「好的。」

我：「然後，當存在 A 和 B 兩個集合，集結所有至少屬於 A 或者 B 的要素而形成的集合，稱為集合 A 和 B 的**聯集**。該集合包含了所有 A 和 B 的要素。集合 A 和 B 的聯集，會約定俗成記為

$$A \cup B$$

。」

蒂蒂：「好的，這也沒有問題。」

我：「像這樣畫成文氏圖後，就能夠幫助我們更容易理解集合。」

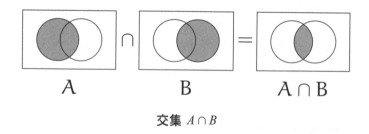

交集 $A \cap B$

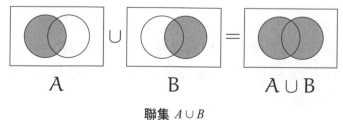

聯集 $A \cup B$

蒂蒂：「好的，我明白了。交集 $A \cap B$ 是兩者重疊；聯集 $A \cup B$ 是兩者合併。」

我：「交集 $A \cap B$ 可以看作是兩者重疊——也能看作是，僅從集合 B 中選出同時屬於集合 A 的要素喔。」

蒂蒂：「啊……真的耶。」

---

## 3.11 互斥

我：「那麼，這邊出個問題：若集合 A 和 B 滿足下述等式，

$$A \cap B = \varnothing$$

則 A 和 B 的關係如何？」

蒂蒂：「嗯……重疊的部分、集合 A 和 B 的交集等於空集合 $\varnothing$ ——表示沒有任何要素交集。」

蒂蒂不停用雙手在空中畫圓進行說明。

我：「嗯，是的。集合 A 和 B 皆表示事件，當 $A \cap B = \varnothing$ 成立，稱事件 A 和 B **互斥**。」

蒂蒂：「互斥……」

我：「例如，在『投擲骰子 1 次的試驗』中，若 A ＝ { ⚀ , ⚁ , ⚂ }、B ＝ { ⚃ , ⚄ }，則事件 A 和 B 互斥。」

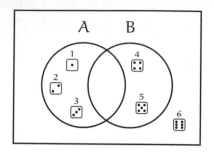

互斥

事件 $A$ 和 $B$ 滿足下式等式時，

$$A \cap B = \varnothing$$

稱事件 $A$ 和 $B$ 互斥。

蒂蒂：「互斥——意思是事件 $A$ 和 $B$ 不會同時發生？」

我：「嗯，沒錯。式子 $A \cap B = \varnothing$ 成立時，套用集合的描述會是

集合 $A$ 和 $B$ 的交集等於空集合

然後，集合 $A$ 和 $B$ 為事件時，套用事件的描述會是

事件 $A$ 和 $B$ 互斥

兩者皆可用式子 $A \cap B = \varnothing$ 來表達，當然也可記為 $A \cap B = \{\}$。」

蒂蒂：「集合……的描述？」

我：「是的。使用機率討論事件時，每個事件會被當作集合。討論事件時會藉助集合來表達，所以『事件 $A$ 和 $B$ 互斥』的事件描述可表達成 $A \cap B = \varnothing$。這就相當於借集合的描述來用。」

蒂蒂：「集合的描述和事件的描述——原來如此！」

## 3.12 全集與補集

我：「機率的重點是討論『以什麼為整體』，相當於討論全事件。若套用集合的描述，事件的重點在於討論『以什麼為**全集**』。」

蒂蒂：「全集是指涵蓋世間萬物的集合嗎？」

我：「啊，錯了，不是世間萬物，而是當前討論的所有要素集合。因此，不如說是從世間萬物設定制約中切割出來，決定以這些作為整體。」

蒂蒂：「原來如此……回頭想想，投擲硬幣 2 次時，全事件是 {反反，反正，正反，正正}。全事件不是世間萬物，不會跑出兔子先生。」

我：「是的……兔子先生？然後，我們能夠討論全集 U 中，集結所有不屬於集合 $A$ 的要素集合。」

蒂蒂：「集結所有集合 $A$ 以外的要素集合……嘛。」

我：「嗯，是的。該集合稱為集合 $A$ 的**補集**，記為

$$\overline{A}$$

補集表達的事件稱為**餘事件**（complementary event）。」

蒂蒂：「就像餅乾壓模後剩餘的麵團嘛。」

我：「餅乾壓模？」

蒂蒂：「餅乾在放入烤箱之前，會先桿平延伸麵團，再用金屬壓模切割出圓形的形狀。若餅乾是集合 $A$，那剩餘的麵團就是補集 $\overline{A}$ 嘛！」

我：「原來如此，的確很像。文氏圖也是這樣的感覺喔。」

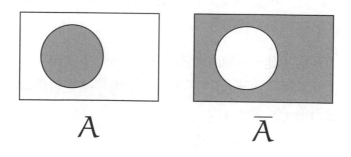

集合 A 與其補集 $\overline{A}$

蒂蒂：「該不會餘事件 $\overline{A}$ 是指，事件 $A$ 不發生的事件吧？」

我：「是的。」

蒂蒂：「果然是這樣。我很難理解『發生』了『不發生』這種說法。」

我：「這可想成發生事件 A 以外的事件來幫助瞭解。實際討論投擲硬幣2次，馬上就能夠意會過來喔。例如，若事件 A 是

$$A = \{\ 正正\ \}$$

則事件 $\overline{A}$ 是

$$\overline{A} = \{\ 反反，反正，正反\ \}$$

事件 A『擲出正面2次』的餘事件 $\overline{A}$，相當於『至少擲出反面1次』的事件。」

蒂蒂：「原來如此……啊，這樣一來，全事件的餘事件是空事件嘛！全事件是『肯定發生』的事件，那餘事件會是『絕不發生』的事件。」

我：「沒錯！這可寫成下式：

$$\overline{U} = \varnothing$$

然後，空事件的餘事件是全事件，這也可寫成

$$\overline{\varnothing} = U$$

除此之外，這兩條式子也成立喔。」

$$A \cap \overline{A} = \varnothing$$

$$A \cup \overline{A} = U$$

蒂蒂：「我明白了、我明白了！」

---

## 3.13　加法定理

我：「釐清試驗、事件、機率、機率分布，也複習了集合的計
　　算後，應該能夠輕鬆掌握機率的加法定理。」

> 機率的加法定理（一般的情況）
> 關於事件 A 和 B，滿足
>
> $$\Pr(A \cup B) = \Pr(A) + \Pr(B) - \Pr(A \cap B)$$

蒂蒂：「……」

我：「事件 $A \cup B$ 發生的機率，可由事件 A 發生的機率，加上
　　事件 B 發生的機率，再減去事件 $A \cap B$ 發生的機率來求得——
　　——我們可以這麼解讀。」

蒂蒂：「課堂上教的是機率的『加法法則』，加法定理才正確
　　　嗎？」

我：「『加法法則』也可以。不過，這個等式是可從機率的定
　　義證明的定理，所以我才寫成加法定理。」

蒂蒂：「證明？」

我：「嗯，是的。當基本事件同樣容易發生，可用回歸事件含有的要素數來求機率。運用這個觀念，就能夠像這樣證明機率的加法定理。」

$$
\begin{aligned}
\Pr(A \cup B) &= \frac{|A \cup B|}{|U|} && \text{由機率的定義得到} \\
&= \frac{|A| + |B| - |A \cap B|}{|U|} \\
&= \frac{|A|}{|U|} + \frac{|B|}{|U|} - \frac{|A \cap B|}{|U|} && \text{拆解成分數的相加} \\
&= \Pr(A) + \Pr(B) - \Pr(A \cap B) && \text{由機率的定義得到}
\end{aligned}
$$

蒂蒂：「嗯……」

我：「慢慢仔細閱讀就不會覺得困難喔。」

蒂蒂：「……啊啊，我看到式子就會慌了手腳。」

我：「這個證明是迴歸集合的要素數，使用有限集合的要素數滿足

$$|A \cup B| = |A| + |B| - |A \cap B|$$

來證明加法定理。」

$|A \cup B|$ $\quad$ $|A|$ $\quad$ $|B|$ $\quad$ $|A \cap B|$

蒂蒂：「好的，我明白了。$|A|+|B|-|A\cap B|$ 是相加要素數，所以要減掉重疊部分的要素數嘛。」

我：「是的。須要仔細閱讀的僅有要素數的部分，後面只是機率的定義和分數的計算而已。」

蒂蒂：「原來如此。」

我：「剛才說的是一般情況。與此相對，互斥的加法定理會是這樣。」

---

機率的加法定理（互斥的情況）

當事件 A 和 B 互斥，也就是 $A\cap B=\varnothing$ 的時候，滿足

$$\Pr(A\cup B)=\Pr(A)+\Pr(B)$$

---

蒂蒂：「這個也能夠證明嘛！」

我：「是的，跟剛才的做法類似。」

$$\begin{aligned}
\Pr(A \cup B) &= \frac{|A \cup B|}{|U|} &&\text{由機率的定義得到}\\
&= \frac{|A| + |B|}{|U|} &&\text{因為沒有交集要素}\\
&= \frac{|A|}{|U|} + \frac{|B|}{|U|} &&\text{拆解成分數的相加}\\
&= \Pr(A) + \Pr(B) &&\text{由機率的定義得到}
\end{aligned}$$

蒂蒂：「跟一般情況的差異，只差在沒有減法的部分而已。因為兩集合 A 和 B 沒有交集要素，所以式子僅有

$$|A \cup B| = |A| + |B|$$

。」

我：「對！沒錯，所以 A 和 B 互斥時，聯集 $A \cup B$ 的機率會是事件 A 和 B 個別的機率相加。」

蒂蒂：「嗯，好的。」

我：「因此，A 和 B 互斥時，可以像背口訣一樣說『聯集的機率是機率的相加』。」

蒂蒂：「啊啊，的確！在學微分、積分等線性概念時，經常出現『和的〇〇是〇〇的相加』。[*1]」

我：「換言之，事件互斥時具有便利的性質。在計算聯集的機率時，只需要求出個別事件的機率，再相加起來就可以了。」

---

[*1] 參見《數學女孩秘密筆記：矩陣篇》。

$$\Pr(A \cup B) = \Pr(A) + \Pr(B) - \boxed{\Pr(A \cap B)} \qquad \text{加法定理（一般情況）}$$

$$\Pr(A \cup B) = \Pr(A) + \Pr(B) \qquad\qquad \text{加法定理（互斥的情況）}$$

蒂蒂：「我明白了。」

---

## 3.14 乘法定理

我：「接著來講機率的乘法定理吧。後面終於要出現條件機率了。」

蒂蒂：「啊啊……終於。」

我：「條件機率會這麼定義。」

---

條件機率

在事件 A 發生的條件下，

事件 B 發生的**條件機率**可用下式定義。

$$\Pr(B \mid A) = \frac{\Pr(A \cap B)}{\Pr(A)}$$

其中，$Pr(A) \neq 0$。

---

蒂蒂：「……」

我：「由這個定義，馬上就能夠得到機率的乘法定理。」

機率的乘法定理（一般的情況）
關於事件 A 和 B，滿足

$$\Pr(A \cap B) = \Pr(A)\Pr(B \,|\, A)$$

其中，$Pr(A) \neq 0$。

蒂蒂：「這個大概是機率中我最不擅長的部分。」

我：「條件機率嗎？」

蒂蒂：「嗯，是的。

$Pr(B \,|\, A)$ 是
在事件 A 發生的條件下，
事件 B 發生的條件機率。

$Pr(B \,|\, A)$ 的定義是這樣嘛。」

我：「沒錯。」

蒂蒂：「雖然我能夠背出 $Pr(B \,|\, A)$ 是什麼，但無法說明其中的意思。」

我：「嗯，條件機率挺困難的，我一開始也不知道它在說什麼。」

蒂蒂：「而且，我分不太出來 $Pr(A \cap B)$ 和 $Pr(B \,|\, A)$ 的差別！」

我：「嗯嗯。」

蒂蒂：「$Pr(A \cap B)$ 是事件 A 和 B 皆發生的機率？」

我：「是的，沒錯。交事件 $A \cap B$ 是以集合的交集表示的事件，描述事件 A 和 B 皆發生的事件。因此，$Pr(A \cap B)$ 是事件 A 和 B 皆發生的機率。」

蒂蒂：「這邊會讓我感到非常混亂。

 • $Pr(B|A)$ 是，在事件 A 發生的條件下，事件 B 發生的條件機率。
 • $Pr(A \cap B)$ 是，事件 A 和 B 皆發生的機率。

對我來說，這兩個敘述看起來都一樣。」

我：「那是——」

蒂蒂：「我說的沒錯吧。事件 A 發生的條件下事件 B 發生的機率，到頭來不就是兩者皆發生的機率？在事件 A 發生的條件下，也就代表事件 A 會發生！」

蒂蒂激動地解釋自己的主張。

我：「我很能夠體會妳的心情。妳會感到非常混亂，我想是因為文字敘述的關係。僅有『在事件 A 發生的條件下』這句敘述，沒辦法清楚理解也是難免的。」

蒂蒂：「那麼，該怎麼理解才好呢？」

我：「『回歸定義』喔。條件機率 $Pr(B|A)$ 會這麼定義。」

$$\Pr(B \mid A) = \frac{\Pr(A \cap B)}{\Pr(A)}$$

蒂蒂：「啊⋯⋯」

我：「試著像這樣分別寫出分子的 $Pr(A \cap B)$ 和分母的 $Pr(A)$。」

$$Pr(A \cap B) = \frac{|A \cap B|}{|U|}$$

$$Pr(A) = \frac{|A|}{|U|}$$

蒂蒂：「嗯，這個我懂，沒有問題，這是用集合的要素數表達嘛。」

我：「利用這兩個式子，也試著把條件機率用集合的要素數來表達。」

$$\begin{aligned}
Pr(B \mid A) &= \frac{Pr(A \cap B)}{Pr(A)} \qquad &\text{由條件機率的定義得到} \\
&= \frac{\frac{|A \cap B|}{|U|}}{\frac{|A|}{|U|}} \qquad &\text{以集合的要素數表達分子和分母} \\
&= \frac{\frac{|A \cap B|}{|U|} \times |U|}{\frac{|A|}{|U|} \times |U|} \qquad &\text{分子和分母乘上} |u| \\
&= \frac{|A \cap B|}{|A|} \qquad &\text{約分}
\end{aligned}$$

蒂蒂：「嗯，最後導出這個式子⋯⋯」

$$Pr(B \mid A) = \frac{|A \cap B|}{|A|}$$

我：「這個式子就像是<u>將事件 A 當作全事件的機率</u>，所有的情況數為 $|A|$，而關注的情況數為 $|A \cap B|$。」

蒂蒂：「將事件 A 當作全事件的機率……哈啊，原來如此。的確，分母不是 $|U|$ 而是 $|A|$。」

我：「然後，分子 $|A \cap B|$ 表示從集合 B 的要素中，僅選出也屬於集合 A 的要素數嘛？」

蒂蒂：「啊、啊！原來如此！的確是只將集合 A 的要素當作全部來討論！感覺像是無視不屬於集合 A 的要素來討論機率一樣！」

我：「條件機率本身也是機率喔。機率是『所有的情況數』分之『關注的情況數』，而討論條件機率時，需要注意『所有的情況』跟平常不一樣。」

蒂蒂：「『所有的情況』跟平常不一樣……」

我：「平常是以全集合 U 為所有的情況，現在換成以集合 A 為所有的情況。在討論條件機率的時候，『所有的情況』受到『滿足給予條件的情況』的限制，要無視、漠視、排除『未滿足給予條件的情況』，透過集合 A 這個窗口窺看世界。」

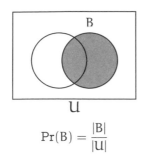

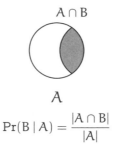

$$\Pr(B) = \frac{|B|}{|U|}$$

$$\Pr(B \,|\, A) = \frac{|A \cap B|}{|A|}$$

蒂蒂：「原來如此、原來如此！ $Pr(B|A)$ 是只討論在甜點裝飾 B 中，壓模餅乾 A 上有多少甜點裝飾 $A \cap B$ 嘛！」

我：「沒錯。畫成圖型後，就能夠清楚瞭解 $Pr(A \cap B)$ 和 $Pr(B|A)$ 的差別。雖然分子一樣，但分母不同。」

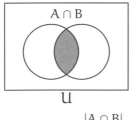

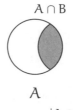

$$\Pr(A \cap B) = \frac{|A \cap B|}{|U|}$$

$$\Pr(B \,|\, A) = \frac{|A \cap B|}{|A|}$$

蒂蒂：「原來如此……」

我：「條件機率會改變計算機率時的『所有的情況』。在討論條件機率的時候，先排除不滿足條件的情況，再來計算機率就行了。」

蒂蒂：「感覺好像瞭解了！唔……我想要具體的例子！」

## 3.15　骰子遊戲

我：「那麼，這個問題如何呢？」

---

問題 3-1（骰子遊戲）

蒂蒂和我進行骰子遊戲，投擲公正的骰子 1 次，以擲出點數較大者獲勝，擲出相同點數則和局。對於「蒂蒂和我投擲公正的骰子 1 次」的試驗，假設事件 A 和 B 分別為

$$A = 我擲出 \; \overset{3}{\boxdot} \; 的事件$$
$$B = 蒂蒂獲勝的事件$$

試求此時的 $Pr(A \cap B)$ 和 $Pr(B|A)$。

---

蒂蒂：「好的，我瞭解設定了。學長和我分別投擲骰子，擲出點數較大者獲勝，試驗和事件都明白了。」

我：「能夠求出機率嗎？」

蒂蒂：「$Pr(A \cap B)$ 沒有問題。這是學長擲出 $\overset{3}{\boxdot}$ 且我獲勝的機率嘛。」

我：「是的。」

蒂蒂：「因為是公正的骰子，所以能夠討論情況數。全事件 u 是學長和我的點數排列：

$$u = \{ \; \cdots \; \}$$

因此，所有的情況數是

$$|U| = 6 \times 6 = 36$$

。」

我：「正確。」

蒂蒂：「學長擲出 的事件 A 也能夠具體寫出：

$$A = \{ \; \cdots \; \}$$

情況數有 6 種。」

我：「事件 B 也能夠寫出來嗎？」

蒂蒂：「可以。我獲勝的情況是，我擲出比學長大的點數——所以，事件 B 會像這樣有 15 種情況。」

$$B = \{ \ \overset{1\ 2}{\boxdot\boxdot}, \ \overset{1\ 3}{\boxdot\boxdot}, \ \overset{1\ 4}{\boxdot\boxdot}, \ \overset{1\ 5}{\boxdot\boxdot}, \ \overset{1\ 6}{\boxdot\boxdot},$$
$$\overset{2\ 3}{\boxdot\boxdot}, \ \overset{2\ 4}{\boxdot\boxdot}, \ \overset{2\ 5}{\boxdot\boxdot}, \ \overset{2\ 6}{\boxdot\boxdot},$$
$$\overset{3\ 4}{\boxdot\boxdot}, \ \overset{3\ 5}{\boxdot\boxdot}, \ \overset{3\ 6}{\boxdot\boxdot},$$
$$\overset{4\ 5}{\boxdot\boxdot}, \ \overset{4\ 6}{\boxdot\boxdot},$$
$$\overset{5\ 6}{\boxdot\boxdot}$$
$$\}$$

我：「這樣就能知道 $Pr(A \cap B)$ 了嘛。」

蒂蒂：「$A \cap B$ 是學長擲出 3 點且我獲勝的事件，所以我的點數會是 4、5、6 其中之一。換句話說，$A \cap B$ 會有 3 種情況：

$$A \cap B = \{\overset{3\ 4}{\boxdot\boxdot}, \overset{3\ 5}{\boxdot\boxdot}, \overset{3\ 6}{\boxdot\boxdot}\}$$

因為所有的情況數 $|u| = 36$，所以能夠計算 $Pr(A \cap B)$。」

$$Pr(A \cap B) = \frac{|A \cap B|}{|u|} = \frac{3}{36} = \frac{1}{12}$$

我：「那麼，剩下計算條件機率 $Pr(A \cap B)$ 了。前面是將全事件 u 當作所有的情況，後面試著加上發生事件 A，也就是事件『我擲出 $\overset{3}{\boxdot}$』——這個條件吧。」

蒂蒂：「將滿足條件『學長擲出 $\overset{3}{\boxdot}$』的事件 A 當作所有的情況嘛。學長的點數為 $\overset{3}{\boxdot}$，而我的點數會是 1 到 6 其中之一，所以要素共有 6 個！」

$$A = \{\overset{3\ 1}{\boxdot\boxdot}, \overset{3\ 2}{\boxdot\boxdot}, \overset{3\ 3}{\boxdot\boxdot}, \overset{3\ 4}{\boxdot\boxdot}, \overset{3\ 5}{\boxdot\boxdot}, \overset{3\ 6}{\boxdot\boxdot}\}$$

我：「沒錯！$|A| = 6$。」

蒂蒂：「這樣的話，分母不是 36 而是 6……所以，計算是這樣嗎？」

$$\Pr(B \mid A) = \frac{|A \cap B|}{|A|} = \frac{3}{6} = \frac{1}{2}$$

我：「嗯，正確。然後，理所當然地，這會等於由條件機率 $Pr(B|A)$ 的定義得到的數值。」

$$\Pr(B \mid A) = \frac{\Pr(A \cap B)}{\Pr(A)} = \frac{\frac{1}{12}}{\frac{1}{6}} = \frac{1}{12} \cdot \frac{6}{1} = \frac{1}{2}$$

蒂蒂：「啊啊……我好像終於弄明白條件機率$Pr(B|A)$ 的定義了。只要將機率的比值

$$\frac{\Pr(A \cap B)}{\Pr(A)}$$

轉成要素數的比值

$$\frac{|A \cap B|}{|A|}$$

重新閱讀就能夠理解了。」

$$\Pr(B \mid A) = \frac{|A \cap B|}{|A|}$$
$$= \frac{|\{ \overset{3}{\underset{}{}} \overset{4}{\underset{}{}}, \overset{3}{\underset{}{}} \overset{5}{\underset{}{}}, \overset{3}{\underset{}{}} \overset{6}{\underset{}{}} \}|}{|\{ \overset{3}{\underset{}{}} \overset{1}{\underset{}{}}, \overset{3}{\underset{}{}} \overset{2}{\underset{}{}}, \overset{3}{\underset{}{}} \overset{3}{\underset{}{}}, \overset{3}{\underset{}{}} \overset{4}{\underset{}{}}, \overset{3}{\underset{}{}} \overset{5}{\underset{}{}}, \overset{3}{\underset{}{}} \overset{6}{\underset{}{}} \}|}$$
$$= \frac{3}{6}$$
$$= \frac{1}{2}$$

我：「機率 $Pr(A \cap B)$ 和條件機率 $Pr(B|A)$ 的差別也明白了？」

蒂蒂：「嗯！$Pr(A \cap B)$ 是，將全事件 U 當作所有的情況，討論發生 $A \cap B$ 的機率；而 $Pr(B|A)$ 是，將事件 A 當作所有的情況，討論發生 $A \cap B$ 的機率。重要的地方仍舊是討論『以什麼為整體』！」

---

**解答 3-1（骰子遊戲）**

$$Pr(A \cap B) = \frac{|A \cap B|}{|U|} = \frac{3}{36} = \frac{1}{12}$$
$$Pr(B|A) = \frac{|A \cap B|}{|A|} = \frac{3}{6} = \frac{1}{2}$$

---

我：「$Pr(A \cap B)$ 和 $Pr(B|A)$ 的差別，可像這樣畫成圖形幫助瞭解，的確差別就在分母不同。」

計算 $Pr(A \cap B)$

計算 $Pr(B \mid A)$

蒂蒂：「原來如此！像這樣畫成圖形就非常清楚了。」

我：「在習慣之前，光看式子可能不太好理解吧。」

蒂蒂：「說到式子，條件機率的

$$Pr(B \mid A)$$

這個寫法！我也覺得不太好懂。」

我：「條件機率 $Pr(B \mid A)$ 有時也會記為

$$P_A(B)$$

使用下標文字表示附加條件的事件 A。」

蒂蒂：「就算如此……還是不容易看出哪個才是條件。」

我：「我會將 $Pr(B \mid A)$ 的縱線（$\mid$），讀作『但是』喔。」

$Pr(B \mid A)$ 是事件 B 的機率，
但是，附加發生事件 A 的條件。

蒂蒂：「啊啊，條件是後來附加上去的感覺嘛。這個式子的英
文該怎麼說？」

我：「我們來查看看吧。」

圖書館有很多書籍讓我們找答案。

蒂蒂：「$Pr(B|A)$ 是

"the conditional probability of B given A"

縱線讀作 "given" 啊！原來如此⋯⋯」

我：「從英文來討論，可能比較容易明白。」

蒂蒂：「啊⋯⋯學、學長！我發現了一件事！條件機率 $Pr(B|A)$ 是，將事件 A 當作整體時的機率嘛。」

我：「是沒錯。」

蒂蒂：「而機率 $Pr(B)$ 是，將全事件 U 當作整體的機率，所以其實可改寫成 $Pr(B|U)$ 嘛？」

我：「確實是這樣！因為 $Pr(U)=1$，所以沒有錯喔！」

$$
\begin{aligned}
\mathrm{Pr}(B \mid U) &= \frac{\mathrm{Pr}(U \cap B)}{\mathrm{Pr}(U)} && \text{由條件機率的定義得到} \\
&= \frac{\mathrm{Pr}(B)}{\mathrm{Pr}(U)} && \text{由 } U \cap B = B \text{ 得到} \\
&= \frac{\mathrm{Pr}(B)}{1} && \text{由 } Pr(U)=1 \text{ 得到} \\
&= \mathrm{Pr}(B)
\end{aligned}
$$

## 3.16 獲得提示

蒂蒂：「明白條件機率也是機率的一種，我就安心了。這是只將附加條件的事件當作整體來討論的機率嘛。不過，為什麼要搞得如此複雜呢？」

我：「條件機率經常用到喔。」

蒂蒂：「是這樣嗎？」

我：「是的。當我們獲得部分的資訊，會傾向討論條件機率。」

蒂蒂：「獲得部分的資訊……？」

我：「例如，這個問題*2 如何？」

> 從 12 張人頭牌中抽出 1 張牌後，愛麗絲表示：「抽出了黑色的牌。」此時，卡牌為♠J 的機率是？

蒂蒂：「機率──不是 $\frac{1}{12}$ 嘛。」

我：「因為得到『抽出了黑色的牌』──這個部分的資訊，所以機率可能改變了。」

蒂蒂：「我懂了！這是討論──附加黑色牌的條件嘛！整體不是 12 張人頭牌，而是 6 張黑色牌。那麼，欲求的機率會是 $\frac{1}{6}$ ！」

---

*2 同問題 2-4（p.62）。

我：「是的，正確。假設全事件為 U、出現黑色牌的事件為 A、出現♠J 的事件為 B，則欲求機率會是 $Pr(B|A)$。然後，

$$\begin{aligned}
Pr(B \mid A) &= \frac{|A \cap B|}{|A|}\\
&= \frac{1}{6}
\end{aligned}$$

可以這樣計算求得。」

蒂蒂：「我明白獲得部分資訊的意義了。」

我：「雖然沒有辦法正確知道實際情況如何，但經常會碰到獲得部分資訊的情況。此時，我們須要根據獲得的提示來縮小整個集合。」

蒂蒂：「原來如此。因為根據提示縮小了整個集合，所以分母的數值才會改變啊。」

## 3.17　獨立

我：「如同在加法定理中討論互斥的情形，乘法定理也會討論特殊情況。在一般情況下，乘法定理會是這樣。」

機率的乘法定理（一般的情況）
關於事件 A 和 B，滿足

$$\Pr(A \cap B) = \Pr(A)\Pr(B \mid A)$$

其中，$Pr(A) \neq 0$。

蒂蒂：「嗯，好的。特殊的情況是？」

我：「兩事件**獨立**的情況喔。獨立的定義會是這樣。」

獨立
關於事件 A 和 B，滿足

$$\Pr(A \cap B) = \Pr(A)\Pr(B)$$

此時，稱事件 A 和 B 互相獨立。

蒂蒂：「……」

我：「獨立時的乘法定理會這樣表示。如果由獨立的定義來看，就會發現是理所當然的事情。」

機率的乘法定理（獨立的情況）
對於互相獨立的事件 A 和 B，滿足

$$Pr(A \cap B) = Pr(A) Pr(B)$$

蒂蒂不斷比較兩個乘法定理。

蒂蒂：「最後面的部分 $Pr(B|A)$ 和 $Pr(B)$ 不一樣。」

$$Pr(A \cap B) = Pr(A)\ \boxed{Pr(B|A)} \qquad \text{乘法定理（一般的情況）}$$

$$Pr(A \cap B) = Pr(A)\ \boxed{Pr(B)} \qquad \text{乘法定理（獨立的情況）}$$

我：「是的，一般情況的乘法定理，需要滿足 $Pr(A) \neq 0$ 才成立。發生交事件 $A \cap B$ 的機率等於 $Pr(A)Pr(B|A)$。條件機率 $Pr(B|A)$ 本來就是如此定義的。」

蒂蒂：「好的。」

我：「不過，假設發生交事件 $A \cap B$ 的機率等於 $Pr(A)Pr(B)$，若事件 A 和 B 具有這樣的性質，則稱兩事件互相獨立。」

蒂蒂：「啊……」

我：「如何？」

蒂蒂：「……互相獨立，跟互斥類似嗎？」

我：「加法定理須要注意事件是否互斥，而乘法定理則須要注意事件是否互相獨立。就這層意義來說，兩者雖然類似，卻是不同的概念喔。」

蒂蒂：「兩事件互斥可簡單理解為『不會同時發生』，但互相獨立就不太好懂了。互相獨立的意思是……？」

我：「別過於拘泥『獨立』字面上的意思。只不過是將 $Pr(A \cap B) = Pr(A)Pr(B)$ 定義為獨立而已。」

蒂蒂：「即便如此，我還是想要知道意思……」

我：「這樣啊。事件 A 和 B 互相獨立，可解釋成事件 A 和 B 互不影響的狀態。」

蒂蒂：「互不影響……」

我：「即便知道發生事件 A 這個提示，也無法得知會不會發生事件 B——可以這麼解釋。」

蒂蒂：「提示沒有用處的情況？發生事件 A 的提示會縮小整體集合吧？」

我：「實際討論骰子遊戲，就能夠瞭解喔。」

問題 3-2（骰子遊戲）

蒂蒂和我進行骰子遊戲。對於「蒂蒂和我投擲公正的骰子 1 次」的試驗，假設事件 C 和 D 分別為

$$C = 我擲出 \; \text{⚂} \; 的事件$$
$$D = 蒂蒂擲出 \; \text{⚄} \; 的事件$$

此時，請證明下式成立：

$$Pr(C \cap D) = Pr(C)\,Pr(D)$$

蒂蒂：「請等一下。學長有沒有擲出 ⚂ ，跟我有沒有擲出 ⚄ 一點關係都沒有……吧？」

我：「是的，沒錯！我有沒有擲出 ⚂，不影響蒂蒂有沒有擲出 ⚄ 的機率。因此，發生事件 C 的提示，對於發不發生事件 D 的判斷沒有幫助——此情況可表達成下式：

$$Pr(C \cap D) = Pr(C)\,Pr(D)$$

然後，獨立正是這個彼此一點關係都沒有的狀況。」

蒂蒂：「原來如此……！我好像瞭解了。」

我：「兩事件互相獨立的意義，使用條件機率描述會更加清楚。假設 $Pr(C) \neq 0$，試著用表示獨立的式子 $Pr(C \cap D) = Pr(C)Pr(D)$，變形條件機率的定義吧。」

$$
\begin{aligned}
\Pr(D \mid C) &= \frac{\Pr(C \cap D)}{\Pr(C)} \qquad \text{由條件機率的定義得到}\\[2mm]
&= \frac{\Pr(C)\Pr(D)}{\Pr(C)} \qquad \text{由事件 } C \text{ 和 } D \text{ 互相獨立得到}\\[2mm]
&= \Pr(D) \qquad \text{以 } Pr(C) \text{ 約分}
\end{aligned}
$$

蒂蒂：「若事件 C 和 D 互相獨立，$Pr(D|C) = Pr(D)$ 成立？」

我：「是的。$Pr(C) \neq 0$ 的時候，若事件 C 和 D 互相獨立，滿足

$$
\Pr(D \mid C) = \Pr(D)
$$

換言之，若事件 C 和 D 互相獨立，

在發生事件 C 的條件下，
發生事件 D 的條件機率

等於

發生事件 D 的機率

——會變成這個樣子。」

蒂蒂：「不管有沒有附加發生事件 C 的條件，發生事件 D 的機率都不變——獨立該不會是這個意思吧？」

我：「對，就是這個意思！」

蒂蒂：「我明白了！」

我：「為了慎重起見，來證明看看問題吧！」

蒂蒂：「好的！這個一下子就能證明完成了！」

---

**解答 3-2**（骰子遊戲）

（證明）分別計算發生事件 $C$、$D$、$C \cap D$ 的機率，

$$\Pr(C) = \frac{6}{36} = \frac{1}{6}$$

$$\Pr(D) = \frac{6}{36} = \frac{1}{6}$$

$$\Pr(C \cap D) = \frac{1}{36}$$

其中，因為

$$\frac{1}{36} = \frac{1}{6} \times \frac{1}{6}$$

所以，推導出

$$\Pr(C \cap D) = \Pr(C) \Pr(D)$$

（證明完畢）

---

我：「在討論獲得的提示、部分的資訊有沒有幫助時，條件機率扮演著重要的角色。」

「若未決定以什麼為整體，談論一半也沒有意義。」

# 附錄：集合與事件[*3]

集合 $A$　　　　　←----→　　　　　事件 $A$

空集合 $\varnothing$　　　　　←----→　　　　　空事件 $\varnothing$
絕不會發生的事件

全集 $U$　　　　　←----→　　　　　全事件 $U$
肯定會發生的事件

A 和 B 的交集 $A \cap B$　　　　　←----→　　　　　A 和 B 的交事件 $A \cap B$
A 和 B 皆發生的事件

A 和 B 的聯集 $A \cup B$　　　　　←----→　　　　　A 和 B 的聯事件 $A \cup B$
A 和 B 至少發生一項的事件

A 的補集 $\overline{A}$　　　　　←----→　　　　　A 的餘事件 $\overline{A}$
不會發生 A 的事件

---

*3 改自參考文獻[16]《確率論の基礎概念》。

## 第 3 章的問題

●問題 3-1（投擲硬幣 2 次試驗的所有事件）

討論投擲硬幣 2 次的試驗時，全事件 U 可記為

$$U = \{ \text{正正，正反，反正，反反} \}$$

集合 U 的子集合皆為該試驗的事件。例如，下述三個集合皆為該試驗的事件：

$$\{ \text{反反} \} \text{、} \{ \text{正正，反反} \} \text{、} \{ \text{正正、正反、反反} \}$$

試問該試驗全部共有幾個事件？請試著全部列舉出來。

（解答在 p.292）

●問題 3-2（投擲硬幣 n 次試驗的所有事件）

討論投擲硬幣 n 次的試驗。試問該試驗全部共有幾個事件？

（解答在 p.295）

●問題 3-3（互斥）

討論投擲骰子 2 次的試驗。請從下述①～⑥的事件組合中，舉出所有互斥的組合。其中，第 1 次投擲出現的點數為整數 a，第 2 次投擲出現的點數為整數 b。

① $a=1$ 的事件與 $a=6$ 的事件

② $a=b$ 的事件與 $a \neq b$ 的事件

③ $a \leq b$ 的事件與 $a \geq b$ 的事件

④ $a$ 為偶數的事件與 $b$ 為奇數的事件

⑤ $a$ 為偶數的事件與 $ab$ 為奇數的事件

⑥ $ab$ 為偶數的事件與 $ab$ 為奇數的事件

（解答在 p.296）

●問題 3-4（互相獨立）

討論投擲公正骰子 1 次的試驗。假設擲出奇數點的事件為 A，擲出 3 的倍數點的事件為 B，試問兩事件 A 和 B 互相獨立嗎？

（解答在 p.300）

●問題 3-5（互相獨立）

討論投擲公正硬幣 2 次的試驗。請從下述①～④的組合中，舉出所有事件 A 和 B 互相獨立的組合。其中，硬幣的正反面分別標示 1 和 0，假設第 1 次擲出的數為 m，第 2 次擲出的數為 n。

① m＝0 的事件 A 與 m＝1 的事件 B

② m＝0 的事件 A 與 n＝1 的事件 B

③ m＝0 的事件 A 與 mn＝0 的事件 B

④ m＝0 的事件 A 與 m≠n 的事件 B

（解答在 p.302）

●問題 3-6（互斥與互相獨立）

試著回答下述問題：

① 若事件 A 和 B 互斥，
　　則可說事件 A 和 B 互相獨立嗎？

② 若事件 A 和 B 互相獨立，
　　則可說事件 A 和 B 互斥嗎？

（解答在 p.305）

●問題 3-7（條件機率）

下述問題是第 2 章末的問題 2-3（p.83）。請用試驗、事件、條件機率等用語，整理並求解該問題。

依序投擲 2 枚公正的硬幣，已知至少 1 枚出現正面，試求 2 枚皆為正面的機率。

（解答在 p.307）

●問題 3-8（條件機率）

討論將 12 張人頭牌充分洗牌後抽出 1 張牌的試驗。假設事件 A 和 B 分別為

$$A = 《抽出♡的事件》$$
$$B = 《抽出 Q 的事件》$$

試著分別求出下述的機率：

① 在發生事件 A 的條件下，

　發生事件 $A \cap B$ 的條件機率 $Pr(A \cap B | A)$

② 在發生事件 $A \cup B$ 的條件下，

　發生事件 $A \cap B$ 的條件機率 $Pr(A \cap B | A \cup B)$

（解答在 p.309）

第 4 章

# 攸關性命的機率

「即便能夠看見 A，但實際上有可能不是 A。」

---

## 重要事項

本章會以疾病檢查為例進行說明，疾病、檢查名稱和數值等全為虛構。

本章所寫內容非常重要，請讀者務必清楚理解，但切勿僅就該內容做醫學判斷。筆者並非醫學專家。

醫生等專業人員不是單就本章中的數學內容，還會根據其他資訊綜合判斷。在進行醫學判斷時，務必尋求醫生等專家諮詢。

## 4.1 圖書室

蒂蒂：「我想到之前學長說過的事情。」

　　蒂蒂冷不防地拋出這句話。

我：「我說過的事情？妳是指哪個？」

蒂蒂：「學長說過『每 100 次發生 1 次』。」

我：「『發生的機率為 1%』的討論嘛。由梨曾經說過。」

蒂蒂：「『每 100 次發生 1 次』和『發生的機率為 1%』不是完全一樣的意思嗎？」

我：「不能夠直接這麼說。即便發生的機率為 1%，也未必每 100 次就會發生 1 次。但若是討論每 100 次發生 1 次的比例，可能就不能算是說錯。」

蒂蒂：「討論比例？」

我：「若以相同的條件嘗試 100 萬次，大約會發生 1 萬次。雖然實際上不可能嘗試 100 萬次，嚴謹來講，也可能不會發生 1 萬次。不過，若是真的嘗試，發生比例會約 1% 吧。若『每 100 次發生 1 次』是這個意思，我想就不能算是說錯。」

蒂蒂：「即便沒有實際嘗試，但若真的嘗試……」

我：「是的。討論機率的時候，相當於關注整體中占多少比例。例如，不是 1 個人嘗試 100 萬次，而是 100 萬人各嘗試 1

次,則發生機率為 1%事件會是,100 萬人中約 1%的人數,也就是約 1 萬人發生。剛好就像是將機率替換成人數的比例。」

蒂蒂:「原來如此。只要想像眾多的試驗結果會發展到什麼程度就行了嘛。透過增加次數、擴增人數……」

蒂蒂邊說邊張開雙臂。

我:「嗯,是的。我們來討論這個機率問題吧。」

## 4.2　疾病的檢查

問題 4-1（疾病的檢查）

假設某國全部人口的 1%罹患疾病 A。

**罹患疾病　　　　未罹患疾病**

**檢查 B** 能夠驗出是否罹患疾病 A，檢驗結果呈現**陽性**或者**陰性**。

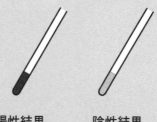

**陽性結果　　　　陰性結果**

其中，已知檢驗結果的機率如下：

- 檢查罹患疾病的人，有 90%呈現陽性。
- 檢查未罹患疾病的人，有 90%呈現陰性。

隨機[*1] 從國民中抽選某人進行檢查B，檢驗結果為陽性。試求此人罹患疾病 A 的機率。

蒂蒂：「我知道！這題的答案馬上就能夠知道。」

我：「妳真厲害。答案是？」

蒂蒂：「因為結果為陽性，所以罹患疾病 A 的機率為 90%。」

我：「嗯，一般會這麼想嘛。不過，這是相當常見的錯誤喔。」

---

蒂蒂的解答 4-1（疾病的檢查）

該人罹患疾病 A 的機率為 90%。（錯誤）

---

蒂蒂：「咦！不是 90%嗎？」

我：「不對，罹患疾病 A 的機率不是 90%。」

蒂蒂：「不是 90%……」

　　　蒂蒂咬著指甲思考。

我：「……」

蒂蒂：「學長，我可以確認一些事情嗎？我想來想去還是認為是 90%，所以想要知道自己是哪邊出錯了……」

我：「當然可以，請說。」

蒂蒂：「這邊的%是一般的百分比吧？」

---

*1 隨機（at random）＝非人為、沒有特定。

我：「是的，百分比就是百分比。」

蒂蒂：「這樣的話……問題中出現的『某人』，不會是特別的
　　　人物吧？」

我：「特別的人物是指？」

蒂蒂：「例如，具有特殊的體質，檢查 B 無法順利查出結果……
　　　不會是像這樣的情況吧？」

我：「不是這樣的陷阱題喔，這純粹是**機率**的問題。『某人』
　　是指，從國內隨機抽選的人民，可想成是全體國民公正抽
　　籤選出的人。」

蒂蒂：「……」

我：「不論該人『罹患』或者『未罹患』疾病 A，檢查 B 肯定
　　會呈現『陽性』或者『陰性』的結果。」

蒂蒂：「對啊。這樣的話，到底哪邊出錯了？這項檢查 B 有 90%
　　　的機率檢查正確嘛？」

我：「檢驗結果的機率，就如同問題 4-1 的設定喔。」

---

檢查 B 的結果機率（截自問題 4-1）

⋮

- 檢查罹患疾病的人，有 90%呈現陽性。
- 檢查未罹患疾病的人，有 90%呈現陰性。

⋮

---

蒂蒂：「對嘛，跟我想的一樣……」

我：「妳是怎麼想的？」

蒂蒂：「我的想法非常理所當然。」

---

蒂蒂的想法（裡頭含有錯誤）

① 檢查 B 有 90%的機率檢查正確。
② 所以，如果檢驗結果為陽性，
　　有 90%的機率罹患疾病 A。

---

我：「『蒂蒂的想法』是聽起來很正確，但裡頭含有錯誤。①
　　須要再仔細確認意思，② 則是完全錯誤。」

蒂蒂：「太、太神奇了！我覺得 ① 和 ② 一點錯誤都沒有！」

我：「蒂蒂產生誤解的地方，世界上許多人也有同樣的誤解。」

蒂蒂緩緩舉起雙手抱住頭。

蒂蒂：「我的想法有著巨大的盲點嗎⋯⋯？」

我：「試著想想波利亞（George Polya）的提問：『使用所有條件了嗎？』馬上就能夠發現『蒂蒂的想法』有問題喔。」

蒂蒂：「使用所有條件了嗎？⋯⋯我漏掉了什麼嗎？」

我：「妳沒有使用開頭出現的條件。」

---

**截自問題 4-1**
假設某國全部人口的 1% 罹患疾病 A。

⋮

---

蒂蒂：「哈⋯⋯啊！那麼，答案是 90% 的 1% 嘛。換句話說，正確的機率是 0.9% 嗎？」

我：「那也不對喔。吶，妳這是在隨便湊數字吧？」

蒂蒂：「啊⋯⋯是的，我沒有仔細思考，看到數值 1% 就直接乘起來，沒有經過大腦思考就回答，真的非常慚愧，我會好好反省⋯⋯」

## 4.3 檢查正確的意思

我：「嗯，一步一步慢慢來吧。妳認為檢查 B『有 90% 的機率
檢查正確』嘛。」

蒂蒂：「嗯，是的。」

我：「這個『檢查正確』是什麼意思？」

蒂蒂：「檢查正確是指，對於罹患疾病 A 的人呈現陽性的結
果。」

我：「這樣只說對一半喔。」

蒂蒂：「誒誒！」

我：「在討論檢查正確的時候，罹患和未罹患疾病 A 的人都得
考慮才行。換言之——

- 罹患的人呈現陽性。
- 未罹患的人呈現陰性。

——這才是檢查正確。」

蒂蒂：「啊……對哦。」

> **檢查正確**
> 甲 罹患疾病 A 的人呈現陽性。
> 乙 未罹患疾病 A 的人呈現陰性。

我：「若僅討論甲，即便總是呈現陽性、不夠嚴謹的檢查 $B'$，也會被歸類為檢查正確喔。」

蒂蒂：「檢查 $B'$ 是不論有沒有罹病，都是呈現陽性結果嗎？這樣根本不算是檢查吧？」

我：「是的。檢查 $B'$ 不能夠算是檢查，什麼都沒有檢驗就呈現了陽性結果。不過，檢查 $B'$ 滿足甲『罹患疾病 A 的人呈現陽性』。」

蒂蒂：「的確……若任誰都呈現陽性，罹患疾病 A 的人也會呈現陽性。在討論檢查正確的時候，需要同時考慮甲和乙的情況才行。」

我：「沒錯。」

蒂蒂：「那個……雖然聽起來很像是藉口，但我心中有同時考慮甲和乙的情況。真的哦。只是誤以為甲的主張直接包含了乙的情況。」

我：「是的。這跟機率沒有關係，是經常發生的誤解喔。『罹患疾病 A 的人呈現陽性』的主張，完全沒有提及**未罹患疾病 A 的人**。」

蒂蒂：「話說回來，這是我答錯問題 4-1 的原因嗎？」

我：「是的。漏掉未罹患疾病 A 的人，正是沒有思考『以什麼為整體』的疏失。」

蒂蒂：「原來如此。但是，我還不曉得哪邊錯誤？哪邊正確……？」

我：「在『以什麼為整體』中，妳還有一個誤解喔。那就是 90% 的意思。」

蒂蒂：「90%的意思……」

---

## 4.4 90%的意思

我：「前面討論了檢查正確，這次來確認 90%的意思吧。90% 是指什麼意思呢？」

蒂蒂：「90%是，整體 100 中占了 90 的比例。」

我：「是的。90%是，整體為 100 時，占其中 90 的比例；整體為 1 時，占其中 0.9 的比例。同樣也可說成，整體為 1000 時，占其中 900 的比例。」

蒂蒂：「嗯，好的。」

我：「因此，看到百分比的時候，一定、一定、一定要確認
　　　『以什麼為整體？』
　　　想想整體的情況、以什麼為整體來討論，若不瞭解以什麼
　　　為整體、100%，也就無法瞭解百分比表示的數值意義。」

蒂蒂：「是的，我自己也自認為有理解。不僅限於百分比，看
　　　到比例的時候，都會想一下以什麼為整體。在學校教到比
　　　例的時候，老師也千交代萬交代。例如，『降價 8%』是以
　　　平時的價位為 100%嗎？『打 7 折』是以什麼價格來打折？
　　　『半價特賣』是以原價來計算嗎？——要思考這些問題才
　　　有意義。」

我：「全都跟價格有關耶。」

蒂蒂：「啊！只、只是舉例啦⋯⋯」

我：「抱歉，開個玩笑而已。總之，我們必須想想『以什麼為
　　　整體』。」

蒂蒂：「好的。但是，我在問題 4-1 誤解了『以什麼為整體』
　　　嗎？檢查 B 有 90%的機率檢查正確嘛。整體就是整體，其
　　　中有 90%的檢驗結果正確。理解錯了嗎？」

我：「這邊的『整體』要仔細推敲才行。檢查 B 的結果機率是
　　　這樣。」

---

## 檢查 B 的結果機率（截自問題 4-1）

⋮

- 檢查罹患疾病的人，有 90%呈現陽性。
- 檢查未罹患疾病的人，有 90%呈現陰性。

⋮

---

蒂蒂：「是的……」

我：「『檢查罹患疾病的人，有 90%呈現陽性』，這句描述是以什麼為整體？」

蒂蒂：「以所有罹患疾病 A 的人！」

我：「是的。假設罹患疾病 A 的人全部進行檢查 B，則其中會有 90%呈現陽性。」

蒂蒂：「嗯。檢查 B 呈現陽性時，有 90%的機率檢查正確，但這 90%到底只是──

　　　　以罹患疾病 A 的人為整體的情況。

　　　　並不是以全體國民為 100%。」

我：「然後，假設 1 位罹患疾病 A 的某人進行檢查 B，則可說有 90%的機率呈現陽性。」

蒂蒂：「原來如此……我的確沒有想清楚『以什麼為整體』。問題 4-1 的全體國民，混雜了罹患和未罹患疾病 A 的人。對從混雜的整體隨機選出的人，檢查 B 呈現陽性——」

我：「就是這麼回事。」

蒂蒂：「可是，即便如此——

- 以所有罹患疾病 A 的人為 100%，則檢查 B 會有 90% 呈現陽性。
- 以所有未罹患疾病 A 的人為 100%，則檢查 B 會有 90% 呈現陰性。

——這樣兩邊都是 90%，同時考慮到罹患和未罹患疾病 A 的人！所以，我還是認為檢查 B 有 90% 的機率驗出罹患疾病 A。無論如何……」

我：「嗯，無論如何都會這麼想嘛。」

蒂蒂：「這是數學機率的計算吧？會列出什麼樣的式子？」

我：「嗯，這是機率的計算。不過，光是這樣就相當複雜，別急著列出式子，而是先思考『以什麼為整體』吧。為此，我們要用具體的人數來討論。」

蒂蒂：「討論具體的人數……假設該國人口有 100 人，像是這樣嗎？」

我：「雖然是這樣沒錯，但若假設 100 人，罹患疾病 A 的人就只有 $100 \times 0.01 = 1$，數量太少。」

蒂蒂：「那麼，假設整體有 1000 人！」

我：「可以。假設該國人口有 1000 人，再來閱讀問題 4-1，將百分比轉換成具體的人數。如此一來，就能夠找到線索了。」

## 4.5 以 1000 人來討論

蒂蒂：「我試試看！首先，假設全部人口──」

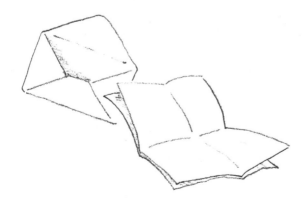

- 假設全部人口有 1000 人。
- 全部人口 1000 人有 1% 罹患疾病 A，

$$\underbrace{1000}_{\text{全部人口}} \times \underbrace{0.01}_{1\%} = \underbrace{10}_{\text{罹病人數}}$$

因此，全部人口 1000 人中，<u>罹病的人有 10 人</u>。

- 全部人口有 1000 人，

$$\underbrace{1000}_{\text{全部人口}} - \underbrace{10}_{\text{罹病人數}} = \underbrace{990}_{\text{未罹病人數}}$$

因此，全部人口 1000 人中，<u>未罹病的人有 990 人</u>。

- 檢查罹病的人會有 90% 呈現陽性，檢查所有罹病的 10 人，罹病人數罹病且呈現陽性的人

$$\underbrace{10}_{\text{罹病人數}} \times \underbrace{0.9}_{90\%} = \underbrace{9}_{\text{罹病陽性人數}}$$

因此，<u>罹病的 10 人中，有 9 人呈現陽性</u>。

- 檢查未罹病的人會有 90% 呈現陰性，檢查所有未罹病的 990 人，未罹病人數未罹病且呈現陰性的人數

$$\underbrace{990}_{\text{未罹病人數}} \times \underbrace{0.9}_{90\%} = \underbrace{891}_{\text{未罹病陰性人數}}$$

因此，<u>未罹病的 990 人中，有 891 人呈現陰性</u>。

我：「推導了很多耶。」

蒂蒂：「假設全部人口為 1000 人來計算，問題 4-1 中的『百分比』全部換成『人』的單位。大部分的人未罹患疾病 A，進行檢查 B 呈現陰性，全部人口 1000 人中占了 891 人。」

我：「是的。為了更清楚瞭解整體的情況──」

蒂蒂：「可以**製作表格**嘛！」

我：「沒錯。這樣能夠減少錯誤。」

---

## 4.6 製作表格

蒂蒂：「假設全部人口為 1000 人，則相關人數會像是這樣：

- 罹患疾病 A 的有 10 人。
- 未罹患疾病 A 的有 990 人。
- 罹患疾病 A 且檢查 B 呈現陽性的有 9 人。
- 未罹患疾病 A 且檢查 B 呈現陰性的有 891 人。

要用這些製作表格嗎？」

我：「是的。作成是否罹患疾病 A、檢查 B 是否呈現陽性的分類表格。在這張表中，重要的是明確區分

- 疾病 A 的『罹患』或者『未罹患』
- 檢查 B 的『陽性』或者『陰性』

嗯，然後使用波利亞的『提問』：『導入適當的文字了嗎？』」

- 以 A 表示罹患疾病 A、
  $\overline{A}$ 表示未罹患。
- 以 B 表示檢查 B 的結果呈現陽性、
  $\overline{B}$ 表示呈現陰性。

蒂蒂:「原來如此,會變成這樣的表格。」

|  | 陽性 B | 陰性 $\overline{B}$ | 合計 |
|---|---|---|---|
| 罹患 A | 9 |  | 10 |
| 未罹患 $\overline{A}$ |  | 891 | 990 |
| 合計 |  |  | 1000 |

我:「然後……」

蒂蒂:「我知道,剩下的空格也能夠簡單填滿嘛!」

| | 陽性<br>B | 陰性<br>$\overline{\text{B}}$ | 合計 |
|---|---|---|---|
| 罹患 A | 9 | 1 | 10 |
| 未罹患 $\overline{\text{A}}$ | 99 | 891 | 990 |
| 合計 | 108 | 892 | 1000 |

**問題 4-1　假設人口為 1000 人時的表格**

我：「是的。雖然只是僅限人口為 1000 人的情況，但我們能夠掌握問題 4-1 的全貌了。」

蒂蒂：「全部改成人數後，就清楚許多了。」

我：「是的。為了求解問題 4-1，我們要知道

　　　檢查 B 呈現陽性的人數。
　　　其中，罹患疾病 A 的人數。

　　查看表格，馬上就能夠知道喔。」

蒂蒂：「檢查 B 呈現陽性的人數合計為 9＋99＝108 人。然後，108 人中實際罹患疾病 A 的人數為 9 人。因此，

　　　檢查 B 呈現陽性的人數為 108 人。
　　　其中，罹患疾病 A 的人數為 9 人。

　　可以得到這樣的結果！」

蒂蒂笑著公布答案。

我：「然後呢？」

蒂蒂：「然後是指？」

我：「這樣我們就能夠求解問題 4-1。」

假設檢查 B 呈現陽性的人數為 100%時，
其中，罹患疾病 A 的人有多少%？

蒂蒂：「啊⋯⋯這個嘛。驗出陽性結果的人中，罹患的人數比
例為

$$\frac{9}{108} = \frac{1}{12} = 0.0833\cdots$$

約 8.3%⋯⋯咦──？」

我：「這個比例也是機率，欲求的機率會是

$$\frac{陽性且罹患疾病 A 的人數}{陽性的人數} = \frac{1}{12}$$

驗出陽性結果的時候，實際罹病的機率約 8.3%。」

解答 4-1（疾病的檢查）

假設某國全部人口的 1%罹患疾病 A。檢查 B 能夠驗出是否罹患疾病 A，檢驗結果呈現陽性或者陰性。其中，已知檢驗結果的機率如下：

- 檢查罹患疾病的人，有 90%呈現陽性。
- 檢查未罹患疾病的人，有 90%呈現陰性。

隨機從國民中抽選某人進行檢查 B，檢驗結果為陽性。此人罹患疾病 A 的機率為 $\frac{1}{12}$（約 8.3%）。

蒂蒂：「？？？」

我：「頭上冒出很多問號喔。」

## 4.7 錯得很離譜

蒂蒂：「這很奇怪，約 8.3%也太小了吧！啊，該不會是用 1000 人討論的緣故？」

我：「不奇怪喔。無論人口有多少人，結果都一樣。例如，假設全部人口為 N，表格出現的人數會是全部的 N/1000 倍，計算人數的比例後，機率仍舊是 $\frac{1}{12}$，約 8.3%喔。」

蒂蒂用力地搖頭。

蒂蒂：「可是，我前面認為罹患的機率為 90%哦！！明明正解是 8.3%，我卻答 90%……這不是錯得很離譜嗎！」

我：「是的。這是許多人都會搞錯的有名問題，而且容易產生巨大的誤解。」

蒂蒂：「怎麼會……這樣……」

我：「光是弄錯計算，數值就會像這樣錯得離譜。真的很恐怖。雖然問題 4-1 到底只是虛構的題目，但世上存在許多類似的情況喔。假設已知罹患某疾病的機率，存在檢驗陽性或者陰性的檢查，而檢驗結果為陽性。」

蒂蒂：「然後，直接根據檢驗結果，判斷自己是否罹患該疾病。」

我：「是的。若不會機率計算，會將約 8.3%誤解為 90%。當然，現實中的數值可能不一樣，但思維是相同的。」

蒂蒂：「這可能是攸關『性命』的判斷嘛……」

我：「沒錯。因此，理解機率是非常重要的事情。雖然除了機率的計算，實際上還要考慮諸多要素，但至少要先瞭解機率。」

蒂蒂：「到底是從哪邊開始產生了巨大的誤解呢？」

我：「試著比較蒂蒂的誤解和正解吧。」

蒂蒂：「比較 90%和約 8.3%嗎？」

我：「是的。『以表格討論』，找出分別在表格的什麼地方。」

---

## 4.8 以表格討論

蒂蒂：「好的。因為罹病的人有 90%的機率呈現陽性，所以我一開始回答 90%。這出現在表格的這個地方。」

| | 陽性 B | 陰性 $\overline{B}$ | 合計 |
|---|---|---|---|
| 罹患 A | 9 | 1 | 10 |
| 未罹患 $\overline{A}$ | 99 | 891 | 990 |
| 合計 | 108 | 892 | 1000 |

**罹患的人中呈現陽性的有** 90%

$$\frac{9}{9+1} = \frac{9}{10} = 0.9 = 90\,\%$$

我：「是的。罹患的人呈現陽性的機率，等於圈起來的人數比。」

蒂蒂：「但是，實際應該求的是這個地方。」

| | 陽性 B | 陰性 B̄ | 合計 |
|---|---|---|---|
| 罹患 A | 9 | 1 | 10 |
| 未罹患 Ā | 99 | 891 | 990 |
| 合計 | 108 | 892 | 1000 |

**呈現陽性的人中罹患的約有 8.3%**

$$\frac{9}{9+99} = \frac{9}{108} = \frac{1}{12} = 0.833\cdots = 約\ 8.3\ \%$$

我：「沒錯。這樣就會知道，妳在『**以什麼為整體**』這個地方產生了巨大的誤解。啊！抱歉。」

蒂蒂：「不會，學長說得沒錯。弄清楚自己的想法『哪邊』搞錯後，感覺舒暢多了！」

我：「勇敢承認自己的錯誤，蒂蒂很了不起。」

蒂蒂：「我明白了為什麼正確的機率會變小成約 8.3%。在問題 4-1 中，『未罹患且呈現陽性的有 99 人』，這占了非常大的部分。

$$\frac{9}{9+\boxed{99}}$$

因為這個 99 造成分母變大，所以機率才會變小。」

| | 陽性 B | 陰性 $\overline{B}$ | 合計 |
|---|---|---|---|
| 罹患 A | 9 | 1 | 10 |
| 未罹患 $\overline{A}$ | **99** | 891 | 990 |
| 合計 | 108 | 892 | 1000 |

**未罹患且呈現陽性的有 99 人**

我：「沒錯。」

蒂蒂：「……然後，這邊為什麼會這麼大，是因為未罹患疾病 A 的人本來就非常多。所以，如果全部人都做檢查，未罹患且呈現陽性的人就會很多。」

我：「是的，偽陽性會變多。」

蒂蒂：「偽陽性？」

## 4.9　偽陽性與偽陰性

我：「偽陽性──也就是未罹患卻呈現陽性的情況，而明明罹患卻呈現陰性則是偽陰性。正確的檢驗結果，稱為真陽性和真陰性。」

**真陽性**　罹患疾病，且檢驗結果正確呈現陽性的情況
**偽陽性**　明明未罹患疾病，但檢驗結果錯誤呈現陽性的情況
**真陰性**　未罹患疾病，且檢驗結果正確呈現陰性的情況
**偽陰性**　明明罹患疾病，但檢驗結果錯誤呈現陰性的情況

| | 陽性 $B$ | 陰性 $\overline{B}$ |
|---|---|---|
| 罹患 $A$ | 真陽性 | 偽陰性 |
| 未罹患 $\overline{A}$ | 偽陽性 | 真陰性 |

蒂蒂：「各種情況都有自己的名稱耶，正確的結果有兩種，錯誤的結果也有兩種。未罹患的人數愈多，偽陽性的人數也會愈多。此時，須要注意嗎？」

我：「須要注意……是指什麼地方？」

蒂蒂：「須要注意即便結果呈現陽性，也不能說罹患的機率高。」

我：「是的，不過這很難套用到現實的世界。即便結果呈現陽性，自己是隨機被選出做檢查？還是因懷疑罹病而安排進行檢查？根據不同情況，判斷也會不同。」

蒂蒂：「是這樣沒錯……不過，無論是哪種情況，我都瞭解了要正確理解機率的重要性。」

我：「若是所有人都做檢查，由於未罹患的人非常少，造成偽陽性較多、偽陰性較少……也是理所當然的情況。」

蒂蒂：「我覺得偽陽性和偽陰性的意義差異很大耶。」

我：「怎麼說？」

蒂蒂：「偽陽性是實際未罹患但檢驗結果呈現陽性的情況。心裡想說『嗚哇！竟然是陽性』，為了確認是否真的罹患疾病，會選擇住院進行詳細檢查，能夠接受適當的診療。」

我：「嗯，是的。即便檢驗結果呈現陽性，實際上有可能是偽陽性。」

蒂蒂：「與此相對，偽陰性是實際罹患但檢驗結果呈現陰性的情況。即便心想『呼～還好是陰性』，也不能夠說是圓滿的結果。因為會認為自己沒事就安心，但實際上是罹患疾病卻沒檢查出來……」

我：「唔……的確，我能夠體會不希望沒被檢查出來的心情……」

蒂蒂：「比起偽陰性，偽陽性的情況反而比較好。偽陰性會帶來糟糕的結果。」

我：「嗯——偽陽性也挺糟的喔。明明實際上沒有罹患，卻可能要住院進行各種治療，這很難說是比較好吧。而且，若有許多人呈現偽陽性，可能會發生大量住院詳細檢查的需求，這可能演變成其他的問題。單純就好壞來說，難以比較偽陽性和偽陰性吧？」

蒂蒂：「原來如此……的確不好比較。」

---

## 4.10　條件機率

蒂蒂和我看了表格一陣子。

我：「整理成表格後，能夠瞭解整體的情況。」

蒂蒂：「是的。在表格上，這兩處是檢查 B 驗出正確的結果。驗出正確結果的總共有 $9 + 891 = 900$ 人……會是 1000 人的 90%。」

| | 陽性<br>B | 陰性<br>B̄ | 合計 |
|---|---|---|---|
| 罹患 A | 9 | 1 | 10 |
| 未罹患 Ā | 99 | 891 | 990 |
| 合計 | 108 | 892 | 1000 |

**檢查 B 驗出正確結果的部分**

我：「嗯，是這兩處。」

蒂蒂：「我覺得自己不太會區別這兩個的比例。」

- 罹患疾病 A 的人中，
  檢查 B 呈現陽性的比例
- 檢查呈現陽性的人中，
  罹患疾病 A 的比例

我：「這也可說成妳不太會區別這兩個條件機率。」

- 在發生事件 A 的條件下，
  發生事件 B 的條件機率，也就是 $Pr(B|A)$
- 在發生事件 B 的條件下，
  發生事件 A 的條件機率，也就是 $Pr(A|B)$

蒂蒂：「咦？」

我：「咦？對吧。妳分不清楚 $Pr(B|A)$ 和 $Pr(A|B)$ 的差別。」

蒂蒂：「我、我分不清楚嗎？」

我：「是的。那麼，我們試著解開問題 4-1，也就是當作某個試驗，討論此時發生的**事件**。」

蒂蒂：「好的。」

我：「『以表格討論』的同時，也能夠『以式子討論』喔。」

問題 4-1（重提疾病的檢查）

假設某國全部人口的 1%罹患疾病 A。

罹患疾病　　　未罹患疾病

檢查 B 能夠驗出是否罹患疾病 A，檢驗結果呈現陽性或者
陰性。

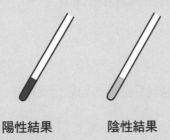

陽性結果　　　陰性結果

其中，已知檢驗結果的機率如下：

• 檢查罹患疾病的人，有 90%呈現陽性。
• 檢查未罹患疾病的人，有 90%呈現陰性。

隨機從國民中抽選某人進行檢查B，檢驗結果為陽性。試求
此人罹患疾病 A 的機率。

我：「首先是試驗。」

蒂蒂:「好的。這個問題可當作『抽選某人進行檢查 B』的試驗。」

我:「是的。受到偶然所支配,反覆多次投擲骰子、抽籤、如問題 4-1 的某項檢查,這些都可稱為試驗。」

蒂蒂:「接著是事件。進行『抽選某人進行檢查B』的試驗時,所發生的事件如下:

- 『罹患疾病 A』的事件 A
- 『未罹患疾病 A』的事件 $\overline{A}$
- 『檢查 B 呈現陽性』的事件 B
- 『檢查 B 呈現陰性』的事件 $\overline{B}$

『罹患』和『不罹患』互斥、『呈現陽性』和『呈現陰性』也互斥,也就是這兩個式子成立。」

$$A \cap \overline{A} = \varnothing$$
$$B \cap \overline{B} = \varnothing$$

我:「若假設全事件為 $u$,則這兩個式子也成立喔。

$$A \cup \overline{A} = u$$
$$B \cup \overline{B} = u$$

$\overline{A}$ 和 $\overline{B}$ 分別為 A 和 B 的餘事件。」

蒂蒂:「這表示該人肯定是『罹患』或者『不罹患』,且肯定是『陽性』或者『陰性』其中之一嘛。」

我：「這樣就能夠表示 A、$\overline{A}$ 和 B、$\overline{B}$ 的事件，接著列舉問題 4-1 的機率，確認『**題目給予什麼條件**』吧。例如，『罹患疾病 A 的人是全部人口的 1%』，可知

$$\Pr(A) = 0.01$$

。」

蒂蒂：「啊！啊！剩下的我來做，將人口的比例換成機率，檢查 B 具有這個性質：

㊒ 對罹患疾病 A 的人，
　　有 90% 的機率呈現『陽性』。

可記為

$$\Pr(B \mid A) = 0.9$$

這是因為

• 在罹患疾病 A 的條件下，
　檢查 B 呈現陽性的條件機率為 90%

。」

我：「嗯，不錯。另一種情況又如何呢？」

㊓ 對未罹患疾病 A 的人，
　　有 90% 的機率呈現『陰性』。

蒂蒂：「沒問題。使用餘事件後，可記為

$$\Pr(\overline{B} \mid \overline{A}) = 0.9$$

這是因為

- 在未罹患疾病 A 的條件下，
  檢查 B 呈現陰性的條件機率為 90%

改寫成 A、$\overline{A}$、B、$\overline{B}$ 後，就簡潔多了。」

我：「是的。所以，

- 在發生事件 A 的條件下，
  發生事件 B 的條件機率 $Pr(B|A)$
- 在發生事件 B 的條件下，
  發生事件 A 的條件機率 $Pr(A|B)$

妳把這兩個搞混了。」

蒂蒂：「的確是這樣耶。我想成 $Pr(B|A)$ 所以回答 90%，但實際是要求 $Pr(A|B)$ 的約 8.3%……這樣我就弄清楚了！」

---

## 4.11　米爾迦

在我們討論的途中，**米爾迦**來到圖書室。
她是我的同班同學。
我、蒂蒂和米爾迦三人經常在放學後，待在圖書室展開數學對話。

米爾迦：「今天在討論什麼內容？」

我：「偽陽性和偽陰性喔。」

米爾迦:「哼嗯⋯⋯條件機率啊?」

米爾迦彎身窺看筆記本,烏黑的長髮順勢滑了下來。

蒂蒂:「雖然我能夠做計算,但不太會聯想到條件機率。」

米爾迦:「把條件交換過來。」

米爾迦在金屬框眼鏡前比出 V 的手勢,接著迅速翻轉過來。

蒂蒂:「對、對!寫成數學式的話,很容易看出 $Pr(B|A)$ 和 $Pr(A|B)$ 不一樣,但

- 罹患疾病 A 的人中,
  檢查 B 呈現陽性的比例
- 檢查 B 呈現陽性的人中,
  罹患疾病 A 的比例

表達成文字就分不清楚了。」

米爾迦:「兩個條件機率 $Pr(B|A)$ 和 $Pr(A|B)$ 不一樣。那麼,這兩個有什麼樣的關係?」

蒂蒂:「什麼樣的關係⋯⋯?」

我:「有什麼關係?問得真含糊。」

米爾迦:「是嗎?那麼,改成問題的形式吧。」

## 4.12　兩個條件機率

> 問題 4-2（兩個條件機率）
> 請用 $Pr(A)$、$Pr(B)$ 和 $Pr(B|A)$ 表達 $Pr(A|B)$。

蒂蒂：「使用 $Pr(A)$、$Pr(B)$ 和 $Pr(B|A)$ 表達 $Pr(A|B)$……」

我：「嗯？」

　　我的腦袋中浮現數學式……原來如此，是這樣啊。

米爾迦：「如何？」

我：「我知道了喔。這沒有很難。」

蒂蒂：「咦……我也能夠明白嗎？」

米爾迦：「妳從條件機率的定義來看，應該馬上就能夠明白。」

我：「『回歸定義』喔。」

蒂蒂：「條件機率的定義是這樣嘛。」

$$\begin{cases} \Pr(A \mid B) = \dfrac{\Pr(B \cap A)}{\Pr(B)} \\[2ex] \Pr(B \mid A) = \dfrac{\Pr(A \cap B)}{\Pr(A)} \end{cases}$$

　　蒂蒂盯著定義陷入了沉默，然後開始在筆記本上書寫。

　　我感到有點意外，兩者之間的關係應該不用推導這麼久才對，不過，這可能是我心中已經有答案的緣故。

　　對未知的挑戰如同開拓新的道路，最初的一步是很艱難的。

蒂蒂：「做出來了！是這樣吧。」

　　蒂蒂攤開筆記本給我們看。

我：「這是——圖形討論嗎？」

$$A = \square \ , \quad B = \square \ , \quad U = \blacksquare$$

蒂蒂：「是的。寫成式子感覺會很亂，所以我像這樣改成圖形來討論。

$$A = \begin{smallmatrix} & B & \bar{B} \\ A & & \\ \bar{A} & & \end{smallmatrix} \ , \quad B = \begin{smallmatrix} & B & \bar{B} \\ A & & \\ \bar{A} & & \end{smallmatrix} \ , \quad U = \begin{smallmatrix} & B & \bar{B} \\ A & & \\ \bar{A} & & \end{smallmatrix}$$

這是事件 A、事件 B 和全事件 U。機率也能夠畫成圖形哦。」

$$\Pr(A) = \dfrac{\square}{\blacksquare} \ , \quad \Pr(B) = \dfrac{\square}{\blacksquare} \ , \quad \Pr(A \cap B) = \dfrac{\square}{\blacksquare}$$

我：「原來如此，畫成圖形也不錯耶。」

米爾迦：「妳也打算用圖形來確認條件機率嗎？感覺很好玩。」

蒂蒂：「嗯，是的！這能夠用全事件約分哦。」

$$\Pr(A \mid B) = \frac{\Pr(B \cap A)}{\Pr(B)} = \frac{\begin{array}{c}\blacksquare\\\hline\blacksquare\end{array}}{\begin{array}{c}\blacksquare\\\hline\blacksquare\end{array}} = \frac{\blacksquare}{\blacksquare}$$

我：「的確，這感覺很有趣。」

蒂蒂：「這樣就能夠得到兩個條件機率。

$$\Pr(A \mid B) = \frac{\blacksquare}{\blacksquare}, \quad \Pr(B \mid A) = \frac{\blacksquare}{\blacksquare}$$

除了 $Pr(A)$ 和 $Pr(B)$，我也作出了倒數 $\dfrac{1}{Pr(B)}$。

$$\mathrm{Pr(A)} = \frac{\blacksquare}{\blacksquare}, \quad \mathrm{Pr(B)} = \frac{\blacksquare}{\blacksquare}, \quad \frac{1}{\mathrm{Pr(B)}} = \frac{\blacksquare}{\blacksquare}$$

然後，只要組合成容易約分的形式！」

$$\frac{\blacksquare}{\blacksquare} = \frac{\blacksquare}{\blacksquare} \cdot \frac{\blacksquare}{\blacksquare} \cdot \frac{\blacksquare}{\blacksquare}$$

$$\mathrm{Pr(A \mid B)} = \mathrm{Pr(B \mid A)} \cdot \mathrm{Pr(A)} \cdot \frac{1}{\mathrm{Pr(B)}}$$

這樣就導出答案了。我有自信這是正確的答案！」

米爾迦：「正確。」

我：「啊啊……原來如此。我的寫法有點不同，不過是一樣的東西。」

---

解答 4-2

$$\mathrm{Pr(A \mid B)} = \frac{\mathrm{Pr(A)\,Pr(B \mid A)}}{\mathrm{Pr(B)}}$$

---

蒂蒂：「的確一樣耶！學長是怎麼計算的？」

我：「我仔細看妳寫出來的條件機率定義，發現兩邊包含了同樣的東西。

$$\Pr(A \mid B) = \frac{\Pr(B \cap A)}{\Pr(B)}$$

$$\Pr(B \mid A) = \frac{\Pr(A \cap B)}{\Pr(A)}$$

由 $B \cap A = A \cap B$ 可知兩者相同。注意到這件事後，只要用乘法定理就能夠變形式子。

$$\Pr(A \mid B) = \frac{\Pr(B \cap A)}{\Pr(B)} \qquad \text{由條件機率的定義得到}$$

$$= \frac{\Pr(A \cap B)}{\Pr(B)} \qquad \text{因為 } B \cap A = A \cap B$$

$$= \frac{\Pr(A) \Pr(B \mid A)}{\Pr(B)} \qquad \text{由乘法定理得到}$$

因此，得到

$$\Pr(A \mid B) = \frac{\Pr(A) \Pr(B \mid A)}{\Pr(B)}$$

。」

蒂蒂：「哎呀呀，只要這樣就能夠做出來了。我繞了這麼一大圈……」

我：「但是，很有趣喔。」

米爾迦：「使用兩個條件機率來替換條件，稱為貝氏定理。」

貝氏定理

關於事件 A 和 B，滿足，

$$\Pr(\boxed{A \mid B}) = \frac{\Pr(A)\Pr(\boxed{B \mid A})}{\Pr(B)}$$

其中，$Pr(A) \neq 0$、$Pr(B) \neq 0$。

我：「貝氏定理……好像在哪邊有聽過。」

米爾迦：「若進一步使用**全機率定理**，這個式子也會成立。」

$$\Pr(A \mid B) = \frac{\Pr(A)\Pr(B \mid A)}{\Pr(A)\Pr(B \mid A) + \Pr(\overline{A})\Pr(B \mid \overline{A})}$$

蒂蒂：「咦、啊！誒誒？」

我：「嗯……這是？」

蒂蒂：「我覺得這個式子好複雜。米爾迦學姐能夠整個背起來嗎？」

米爾迦：「蒂蒂，這只是使用全機率定理，將貝氏定理的分母 $Pr(B)$ 分解開來而已。」

**全機率定理**
關於事件 A 和 B，滿足下式：

$$\Pr(B) = \Pr(A)\Pr(B \mid A) + \Pr(\overline{A})\Pr(B \mid \overline{A})$$

其中，$Pr(A) \neq 0$、$Pr(\overline{A}) \neq 0$。

我：「……原來如此，我看懂了。」

蒂蒂：「我覺得好難……」

米爾迦：「不對哦。現在的蒂蒂應該有能力馬上證明才對。」

蒂蒂：「我、我想想看！[2]」

「即便看不見 A，但實際上 A 有可能存在。」

---

*2 參見問題 4-4（p.189）。

# 第 4 章的問題

●問題 4-1（都呈現陽性的檢查）

檢查 $B'$ 是結果都呈現陽性的檢查（參見 p.154）。假設檢查對象 $u$ 人中，罹患疾病 $X$ 的比例為 $p$（$0 \leqq p \leqq 1$）。全員 $u$ 人做檢查 $B'$ 時的⑪～㊒人數，請使用 $u$ 和 $p$ 填滿表格。

| | 罹患 | 未罹患 | 合計 |
|---|---|---|---|
| 陽性 | ⑪ | ㊉ | ⑪+㊉ |
| 陰性 | ㊙ | ㊗ | ㊙+㊗ |
| 合計 | ㊑ | ㊒ | $u$ |

（解答在 p.312）

●問題 4-2（母校與性別）

某高中某個班級的男女學生共有 $u$ 人，他們畢業自 A 國中或者 B 國中。已知從 A 國中畢業的 $a$ 人當中，有 $m$ 位男學生，而從 B 國中畢業的女學生有 $f$ 人。假設全班抽籤選出 1 位男學生，請以 $u$、$a$、$m$、$f$ 表示這位學生畢業自 B 國中的機率。

（解答在 p.313）

●問題 4-3（廣告效果的調查）

為了調查廣告效果，詢問顧客：「是否見過這個廣告？」總共收到 $u$ 位男女的回應。已知 $M$ 位男性當中，有 $m$ 人見過廣告，而見過廣告的女性有 $f$ 人，請以 $u$、$M$、$m$、$f$ 分別表示下述的 $p_1$、$p_2$。

① 回應的女性當中，答覆未見過廣告的女性比例是 $p_1$
② 答覆未見過廣告的顧客當中，女性的比例是 $p_2$

假設 $p_1$ 和 $p_2$ 皆為 0 以上 1 以下的實數。

（解答在 p.315）

●問題 4-4（全機率定理）

關於事件 $A$ 和 $B$，試證若 $Pr(A) \neq 0$、$Pr(\overline{A}) \neq 0$，則下述式子成立：

$$\Pr(B) = \Pr(A)\Pr(B \mid A) + \Pr(\overline{A})\Pr(B \mid \overline{A})$$

（解答在 p.316）

●問題 4-5（不合格產品）

已知 $A_1$、$A_2$ 兩間工廠生產同樣的產品，工廠 $A_1$、$A_2$ 的生產數比例分別為 $r_1$、$r_2$（$r_1 + r_2 = 1$）。另外，工廠 $A_1$、$A_2$ 產品的不合格機率分別為 $p_1$、$p_2$，請以 $r_1$、$r_2$、$p_1$、$p_2$ 表示從所有產品隨機抽選 1 個產品的不合格機率。

（解答在 p.319）

●問題 4-6（驗收機器人）

假設大量的零件中，滿足品質標準的合格品有 98%、不合格品有 2%。將零件給予驗收機器人，顯示 GOOD 或者 NO GOOD 驗收結果的機率如下：

- 給予合格品的時候，
  有 90%的機率驗收結果為 GOOD。
- 給予不合格品的時候，
  有 70%的機率驗收結果為 NO GOOD。

已知隨機抽選零件給予驗收機器人，驗收結果為 NO GOOD，試求該零件實際為不合格品的機率。

（解答在 p.321）

第 5 章

# 未分勝負的比賽

<blockquote>「雖然未來是未知的，但卻不是完全未知。」</blockquote>

## 5.1 「未分勝負的比賽」

在放學後的高中圖書室裡，
我正在寫數學作業時，蒂蒂走進圖書室。
她邊走邊專注地閱讀手中的紙片。

我：「蒂蒂？」

蒂蒂：「啊！學長！我拿到村木老師的問題了哦！」

蒂蒂坐到我旁邊，讀起了「問題卡」上的內容。

村木老師的「問題卡」

A 和 B 兩人進行反覆投擲公正硬幣的比賽，起初兩人的分數皆為 0 分。

- 若擲出正面，則 A 得到 1 分。
- 若擲出反面，則 B 得到 1 分。

先得到 3 分的人獲勝，能夠獲得所有獎金。
然而──

我：「啊啊，這是『未分勝負的比賽』，有名的機率問題。」

蒂蒂：「啊！我才讀到一半。」

我：「嗚……抱歉，我會聽到最後的。」

蒂蒂：「好的。那我從頭開始──」

---

村木老師的「問題卡」（全文）

A 和 B 兩人進行反覆投擲公正硬幣的比賽，起初兩人的分數皆為 0 分。

- 若擲出正面，則 A 得到 1 分。
- 若擲出反面，則 B 得到 1 分。

先取得 3 分的人獲勝，能夠獲得所有獎金。
然而，比賽進行到一半中斷，決定將獎金分給A和B兩人。
已知比賽中斷的時候，

- A 的分數為 2 分。
- B 的分數為 1 分。

A 和 B 應該如何分配獎金才適當呢？

---

我：「嗯，果然是『未分勝負的比賽』的問題。」

蒂蒂：「這個問題很有名嗎？」

我：「是的。畢竟這是以數學的角度分析機率且歷史悠久的問題。『未分勝負的比賽』問題、梅雷問題、分配問題等等，它有各種不同的名稱。」

蒂蒂：「這樣啊。」

我：「**梅雷**[*1] 是位賭徒，曾經向友人**巴斯卡**[*2] 詢問本質上類似

---

[*1] 夏爾雪弗萊・德・梅雷，Chevalier de Méré。
[*2] 布萊茲・巴斯卡，Blaise Pascal（1623-1662）。

的問題。」

蒂蒂:「讓巴斯卡計算機率嗎?」

我:「是這樣沒錯,但當時應該不稱為計算機率吧。」

蒂蒂:「為什麼?」

我:「『機率』這個帶有數學意義的詞彙,在巴斯卡的時代還沒有出現喔。」

蒂蒂:「啊啊……!」

我:「換言之,能否系統性地討論運氣及偶然的情況?在這個時期還不清楚。雖然巴斯卡能夠導出答案,但內心卻依然覺得不安,於是寫信與**費馬**[*3] 討論。他們的書信往來,對後世的機率誕生影響深遠……我只知道這麼多而已[*4]。」

蒂蒂:「費馬……是那個費馬嗎?」

我:「沒錯,『費馬的最後定理』的費馬。」

蒂蒂:「沒想到這是如此厲害的問題!」

我:「是的。在那個機率概念尚未明確的時代,討論機率應該會遇到許多困難吧。不過,對稍微學過機率的我們來說,這個問題並不困難。」

---

[*3] 皮埃爾・德・費馬,Pierre de Fermat(1607-1665)。
[*4] 詳見參考文獻[1]《世界を変えた手紙》。

蒂蒂：「是的，我剛剛也在想要用機率回答。」

我：「不過，以目前的題意不好當作數學問題。尤其是在這個部分會遇到困難。」

---

A 和 B 應該如何分配獎金才適當呢？

---

蒂蒂：「怎麼說？」

我：「如何分配獎金才適當——這沒有辦法當作數學問題求解，我們還須要定義『適當』的意思。當然，就現實問題而言，連同『什麼是適當的？』一起討論才有意義。」

蒂蒂：「……有點讓人摸不著頭緒。」

---

## 5.2 不同的分配方法

我：「啊，我們沒有要討論艱深的內容。比賽中斷時，A 和 B 的分數分別為 2 分和 1 分，雖然根據規則先取得 3 分的人獲勝且能夠獲得所有獎金，但兩者都未達到 3 分。」

蒂蒂：「是的……

- 取得 2 分的 A 還差 1 分獲勝
- 取得 1 分的 B 還差 2 分獲勝

……這樣的情況嘛。」

我：「在此狀況下，如何分配獎金才『適當』？——就算這麼問，分配獎金的方法也不只一種喔。例如，取得高分的 A 可能主張，得分高的人獲得所有獎金。」

---

**得分高的人取得所有獎金的方法（A 的主張）**
我（A）得到2分，你（B）僅得到1分。在這邊中斷的話，得分高的我獲得所有獎金才是「適當」的方法。

---

蒂蒂：「啊！可是，這樣很過分吧。如果不中斷比賽，也有可能連續擲出 2 次硬幣的反面。這樣的話，B 會是 1 分加上 2 分，先取得 3 分而獲勝，有可能發生 B 獲得所有獎金的情況。因為沒有人知道未來會如何，即便比賽中途結束，由 A 獲得所有獎金有點過分！」

我：「是的，沒錯。不過，A 的主張也能夠理解。」

蒂蒂：「是這樣沒錯……」

我：「嗯，而且，得分高的人獲得所有獎金，這個分配方法也有問題。若中斷時同分怎麼辦？兩人同分決定不了誰得分比較高，也就沒有辦法分配獎金。」

蒂蒂:「中斷時同分的話可以平分獎金,也就是用兩人各得一半的分配方法。」

我:「嗯,是的。我們也能夠根據目前的得分比例來分配獎金,於是 B 可能這麼主張。」

---

根據得分比例分配的方法（B 的主張）

你（A）取得 2 分、我（B）取得 1 分,我們根據目前的得分比例分配獎金,也就是以 A：B = 2：1 來分配,你取得獎金的 $\frac{2}{3}$、我取得獎金的 $\frac{1}{3}$。這才是「適當」的方法。

---

蒂蒂:「這個主張很難反駁,因為 A 的確取得 2 分、B 的確取得 1 分,這是不爭的事實,而 B 主張根據該事實分配獎金。而且,得分高的人獲勝的可能性本來就比較高……」

我:「但是,以得分比例分配獎金的方法也有問題。若比賽在 A 得 2 分、B 得 0 分的情況下中斷,則 A 會是 $\frac{2}{2}$ 獲得所有獎金、B 會是 $\frac{0}{2}$ 一毛錢都拿不到。這樣也很奇怪吧,如果不中斷繼續比賽,0 分的 B 也有可能後來居上。」

蒂蒂:「這麼說也是。果然,還是得明確定義『適當』才行。」

我：「我們前面討論的是『獲勝的可能性』，認為『繼續比賽時獲勝可能性高的人』應該獲得比較多的獎金。」

蒂蒂：「是的，我也這麼想。」

我：「這樣討論的話，可聯想到分別計算 A 獲勝的機率和 B 獲勝的機率，根據獲勝機率分配獎金的方法。」

---

**根據獲勝機率分配的方法**

假設不中斷繼續比賽，A 獲勝的機率為 $Pr(A)$、B 獲勝的機率為 $Pr(B)$。然後，根據獲勝機率分配獎金。

換言之，A 和 B 取得的獎金分別為

$$獎金 \times Pr(A) \text{ 和 } 獎金 \times Pr(B)$$

---

蒂蒂：「我明白以機率分配獎金，但

$$獎金 \times \frac{Pr(A)}{Pr(A)+Pr(B)} \text{ 和獎金} \times \frac{Pr(B)}{Pr(A)+Pr(B)}$$

不是應該這樣分配嗎？」

我：「對，但 $Pr(A)+Pr(B)=1$，所以是在說同一件事情。」

蒂蒂：「啊，對哦……好的。這樣我們就能夠直觀理解，獲得全部獎金乘上獲勝機率的金額。不過，這樣分配較為『適當』的根據是什麼？」

我：「嗯，會有這個疑問很正常。首先，根據機率分配的方法，並非現實世界中唯一絕對的方法。因為怎麼樣算是『適當』基本上是由比賽當事人決定的。」

蒂蒂：「這我懂，但還是在意背後的根據。」

我：「這個嘛……所謂的機率，就是計數可能發生的未來。」

蒂蒂：「計數可能發生的未來？」

我：「是的。我們試著討論，A 獲勝的機率 $Pr(A)$、B 獲勝的機率 $Pr(B)$ 是什麼樣的概念吧。比賽中斷時的狀況是『A 取得 2 分、B 取得 1 分』，假設該狀態稱為『起始點』。若從『起始點』繼續比賽，存在 A 獲勝的未來，也存在 B 獲勝的未來。」

蒂蒂：「是的，沒有人知道未來會如何。」

我：「不過，分出勝負後，再次回到『起始點』繼續比賽，也就是再從『A 取得 2 分、B 取得 1 分』的狀態開始。分出勝負後，又再次回到『起始點』。反覆好幾次這個操作，並計數勝利的次數。此時，A 獲勝的未來和 B 獲勝的未來的比例會如何呢？」

蒂蒂：「反覆好幾次回到『起始點』……意思是倒退時間嗎？」

我：「沒錯。當然，現實中沒辦法像科幻小說那樣做到時光跳耀，所以說到底也只是想像中的情況。我們在討論機率的時候，肯定會出現反覆操作。正如同我們反覆投擲硬幣、骰子一樣，討論返回『起始點』繼續比賽。」

蒂蒂：「原來如此……學長，這是將從『起始點』到分出勝負當作一個『試驗』？」

我：「對、對，就是這麼回事！從『起始點』投擲硬幣好幾次，決定 A 和 B 的勝負……若要比喻，可看作是『投擲能夠一次決定勝者的特別硬幣 1 次的試驗』。特別的硬幣具有 A 和 B 兩面，投擲後肯定出現其中一面，但這枚硬幣並不公正，擲出 A 的機率為 $Pr(A)$、擲出 B 的機率為 $Pr(B)$……會變成討論這樣特別的硬幣。」

蒂蒂：「原來如此！這樣想的話，就能夠連結『比賽中斷後 A 和 B 如何分配獎金』，和『投擲特別的硬幣 A 和 B 容易出現的程度』了。」

我：「沒錯。除了穿越時空反覆回到『起始點』，也有其他的思考方式喔。將從『起始點』所有可能發生的情況複製成不同的世界，討論在複數的世界中，A 有幾成的獲勝機率……雖然這也像是科幻小說就是了。」

蒂蒂：「是的，不過這很容易想像。只要將獎金分配到複數的世界，在 A 獲勝的世界由 A 獲得獎金，在 B 獲勝的世界由 B 獲得獎金──這是將機率當作比例來分配獎金嘛。」

我：「這正是機率分布 $Pr$ 的名稱由來。」

蒂蒂：「啊！」

我：「若認同以獲勝機率來『適當』分配，就能夠當作機率問題來求解。」

---

**問題 5-1**（轉成機率問題的「未分勝負的比賽」）

A 和 B 兩人進行反覆投擲公正硬幣的比賽，起初兩人的分數皆為 0 分。

- 若擲出正面，則 A 得到 1 分。
- 若擲出反面，則 B 得到 1 分。

先取得 3 分的人獲勝，能夠獲得所有獎金。然而，比賽進行到一半中斷，決定將獎金分給 A 和 B 兩人。已知比賽中斷的時候，

- A 的分數為 2 分。
- B 的分數為 1 分。

請分別求出 A 獲勝的機率 $Pr(A)$ 和 B 獲勝的機率 $Pr(B)$。

---

蒂蒂：「好的，我明白了。」

我：「使用問題 5-1 求得的 $Pr(A)$，能夠求得 B 獲勝的機率，因為 $Pr(B) = 1 - Pr(A)$。若認為以機率分配獎金適當，則可由 $Pr(A)$ 和 $Pr(B)$ 求獲得的獎金。」

蒂蒂:「只要畫成這樣的圖,就能夠求解嘛?」

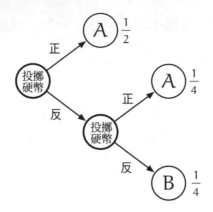

求機率 $Pr(A)$ 和 $Pr(B)$ 的圖形

我:「沒錯!」

蒂蒂:「畫出擲出硬幣正面往↗前進、擲出硬幣反面往↘前進的圖形。依序討論⋯⋯

- 投擲硬幣。
  - 若出現正面,則 A 獲勝(機率為 $\frac{1}{2}$)。
  - 若出現反面,則再投擲硬幣一次。
    - 若出現正面,則 A 獲勝(機率為 $\frac{1}{2} \times \frac{1}{2} = \frac{1}{4}$)。
    - 若出現反面,則 B 獲勝(機率為 $\frac{1}{2} \times \frac{1}{2} = \frac{1}{4}$)。

⋯⋯因此,A 和 B 的獲勝機率分別是

$$\mathrm{Pr(A)} = \tfrac{1}{2} + \tfrac{1}{4} = \tfrac{3}{4}, \quad \mathrm{Pr(B)} = \tfrac{1}{4}$$

。」

解答 5-1（轉成機率問題的「未分勝負的比賽」）

$$\Pr(A) = \tfrac{3}{4}, \quad \Pr(B) = \tfrac{1}{4}$$

我：「嗯，這樣就行了！」

蒂蒂：「我覺得這種圖形和討論條件機率時的表格，都是為了瞭解『以什麼為整體』。」

我：「喔？」

蒂蒂：「學長不是說過，我誤解了『以什麼為整體』嗎（p. 168）？」

我：「是的。」

蒂蒂：「從那之後，我就一直注意不要光看問題所寫的一部分，而要討論『以什麼為整體』。」

我：「這很棒喔，蒂蒂！……對了，看到蒂蒂的解答，我突然想到將這個問題一般化會如何呢？」

蒂蒂：「一般化……嗎？」

---

## 5.3 一般化「未分勝負的比賽」

我：「嗯，是的。問題 5-1 是從 A 取得 2 分、B 取得 1 分的狀態，繼續進行先取得 3 分的人獲勝的比賽。所以，將這個一般化──」

蒂蒂：「我明白了。『導入變數一般化』嘛！試著將具體的分
　　　數換成文字。」

先取得 3 分 的人獲勝　　→ 先取得 N 分 的人獲勝
比賽中斷時，A 取得 2 分 → 比賽中斷時，A 取得 A 分
比賽中斷時，B 取得 1 分 → 比賽中斷時，B 取得 B 分

我：「嗯，沒錯。雖然這樣討論下去也可以，但改變一下文字
　　敘述的角度可能會比較好。」

蒂蒂：「啊？」

我：「比起『比賽中斷時的得分』，描述成距離獲勝的『剩餘
　　得分』感覺會比較好。」

蒂蒂：「怎麼說？」

我：「因為確定獲勝者是在『剩餘得分』變為 0 的時候。若按
　　照妳的寫法，A 獲勝的條件是式子 $A = N$ 或者 $N - A = 0$。不
　　過，若用小寫文字 a 表示 A 的『剩餘得分』，A 獲勝的條
　　件會變成 $a = 0$。雖然是描述相同的事情，但後者的式子比
　　較簡潔。」

蒂蒂：「式子愈簡潔愈好嘛。」

我：「是的，那試著分別用小寫文字 a 和 b，表示 A 和 B 距離
　　獲勝的『剩餘得分』吧。」

問題 5-2（一般化「未分勝負的比賽」）

A 和 B 兩人進行反覆投擲公正硬幣的比賽，起初兩人的分數皆為 0 分。

- 若擲出正面，則 A 得到 1 分。
- 若擲出反面，則 B 得到 1 分。

先取得某分數的人獲勝，能夠獲得所有獎金。然而，比賽進行到一半中斷，決定將獎金分給 A 和 B 兩人。已知比賽中斷的時候，

- A 距離獲勝剩餘 $a$ 分。
- B 距離獲勝剩餘 $b$ 分。

試求 A 獲勝的機率 $P(a, b)$ 和 B 獲勝的機率 $Q(a, b)$。其中，$a$ 和 $b$ 皆為 1 以上的整數。

蒂蒂：「若按照我的想法，須要用到N、A、B三個文字，但問題 5-2 只需要用到 $a$ 和 $b$ 兩個文字耶。」

問題 5-1 → 問題 5-2

先取得 3分 的人獲勝 → 先取得 某分數 的人獲勝

比賽中斷時，A 取得 2分 → 比賽中斷時，A 剩餘 $a$分 獲勝

比賽中斷時，B 取得 1分 → 比賽中斷時，B 剩餘 $b$分 獲勝

我：「是的。妳是以『整體先取得 $N$ 分的時候獲勝』為題目，但轉換成 $a$ 和 $b$ 當作『距離勝利的剩餘得分』，就不再需要 $N$ 了。」

蒂蒂：「原來如此……話說回來，為什麼機率不用 $Pr(A)$ 和
　　　$Pr(B)$，而是用 $P(a,b)$ 和 $Q(a,b)$？」

我：「不，這沒有什麼特別的含義。$Pr(A)$、$Pr(B)$ 會是『A 獲
　　勝的機率』『B 獲勝的機率』，裡頭沒有出現剩餘得分的
　　$a$、$b$。」

蒂蒂：「也是，是這樣沒錯。」

我：「不過隨著討論的進行，後面會想要將具體的數字代入 $a$
　　和 $b$，所以才想說將機率表達成有關 $a$ 和 $b$ 的函數 $P(a,b)$、
　　$Q(a,b)$ 會比較好。」

蒂蒂：「哈啊……」

我：「例如，妳在前面解答 5-1 回答的 $Pr(A)=\dfrac{3}{4}$，在問題 5-2
　　會是 $a=1$、$b=2$ 的情況。換言之，問題 5-1 的 $Pr(A)$ 可用
　　問題 5-2 的函數 P 表達成

$$Pr(A) = P(1,2)$$

。」

蒂蒂：「好的，我明白了。式子 $P(1,2)$ 表示『A 剩餘 1 分、B
　　　剩餘 2 分獲勝時，A 獲勝的機率』，所以

$$Pr(A) = P(1,2) = \tfrac{3}{4}$$

B 獲勝的機率是 A 敗北的機率，所以

$$Pr(B) = Q(1,2) = 1 - P(1,2) = \tfrac{1}{4}$$

。」

我：「沒錯。因此，問題 5-2 的確可說是問題 5-1 的一般化。話說回來，妳會怎麼求解一般化的問題 5-2 呢？」

蒂蒂：「嗯……我會像這樣先回答波利亞老師[*5]的『提問』。」

- 「題目給予了什麼？」……題目給予了 $a$ 和 $b$。
- 「目標是什麼？」……目標是機率 $P(a, b)$ 和 $Q(a, b)$。

我：「不錯！我們的目標是使用 $a$、$b$ 表示 $P(a, b)$ 和 $Q(a, b)$，也就是使用給予的東西表達欲求的目標。」

蒂蒂：「嗯，是的！可是……老實說，文字增加後，反而不知道該從哪邊著手。」

我：「這是妳經常出現的毛病喔。」

蒂蒂：「哎！！」

我：「妳總是想要一開始就跟增加的文字對決，馬上就從一般化的狀態思考，但明明『從小的數嘗試』會比較順利。」

蒂蒂：「啊！真的！我的確有這個毛病。看著學長和米爾迦學姐巧妙地操弄文字來變換式子，不小心就想要做到同樣的事情……常常感到一個頭兩個大。」

---

[*5] 詳見參考文獻[6]《怎樣解題》。

蒂蒂將手放到頭上，做出「一個頭兩個大」的姿勢。

我：「嗯，所以即便做法很土法煉鋼，也試著『從小的數嘗試』開始吧，尤其是一般化的問題更要這麼做。米爾迦和我也都是『從小的數嘗試』走過來的喔。」

## 5.4　從小的數嘗試 $P(1, 1)$

蒂蒂：「那麼，先調查函數 $P$，討論

$$P(1,1) = ?$$

$P(1,1)$ 是從『A 剩餘 1 分、B 剩餘 1 分獲勝』繼續比賽時 A 獲勝的機率……」

我：「是的。」

蒂蒂：「這很簡單。因為再投擲硬幣 1 次，就能夠決定 A 或者 B 獲勝，擲出正面則 A 獲勝、擲出反面則 B 獲勝，所以

$$P(1,1) = \tfrac{1}{2}$$

。」

我：「沒錯，那麼接著討論 $P(2,1)$？」

## 5.5 從小的數嘗試 $P(2, 1)$

$$P(2, 1) = ?$$

蒂蒂：「$P(2, 1)$ 是從『A 剩餘 2 分、B 剩餘 1 分獲勝』繼續比
賽時 A 獲勝的機率，所以再投擲硬幣 1 次時若出現正面，
還無法確定誰獲勝。但是，如果出現反面，則是 B 獲勝。
啊！這從可從前面圖形的變形看出來。」

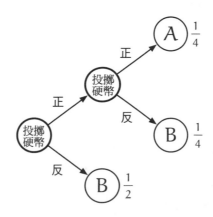

求 $P(2, 1)$ 的圖形

我：「沒錯。」

蒂蒂：「因此，$P(2, 1)$ 等於連續投擲 2 次出現正面的機率，

$$P(2, 1) = \tfrac{1}{4}$$

　　這樣對吧？」

我：「……」

蒂蒂：「錯、錯了嗎？」

我：「不，沒有錯。妳剛才說了很重要的事情：『可從前面圖
　　形的變形看出來。』」

蒂蒂：「是的，將其上下翻轉後就是一樣的圖形，A和B相反、
　　正反面也顛倒過來。」

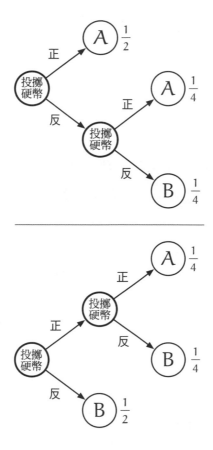

$P(1, 2)$ 和 $P(2, 1)$ 的圖形

我:「這是因為具有對稱性的緣故。若交換 A 和 B 的剩餘得分，同時也交換獲勝的人，則機率的數值也會一樣。換言之，

$$P(1, 2) = Q(2, 1)$$

若用文字描述，會是

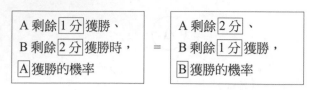

。」

蒂蒂:「啊,的確是這樣耶。$P(1,2) = \dfrac{3}{4}$、$Q(2,1) = 1 - P(2,1) = \dfrac{3}{4}$,圖形一樣但文字的部分對調。

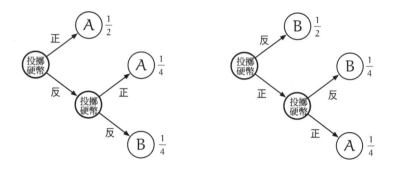

但是,這⋯⋯很重要嗎?」

---

## 5.6 從小的數嘗試的目的

我:「我們的目標是求兩函數 $P$ 和 $Q$,所以調查兩者具有什麼樣的性質很重要喔。

$$P(a, b) = Q(b, a)$$

它們具有這樣的性質。」

蒂蒂：「……」

我：「我們正在『從小的數嘗試』的路途上。為什麼從小的數嘗試呢？因為我們才剛展開名為一般化問題的冒險，必須確認是否能理解一般化的問題。」

蒂蒂：「嗯，說的也是。『**舉例是理解的試金石**』嘛！」

我：「是的。舉出例子來確認是否真正理解，但不僅如此。」

蒂蒂：「不僅如此……」

我：「嗯。『從小的數嘗試』並非『永無止盡地嘗試』，而是在嘗試過程中注意到什麼，從中發現『已經不須再嘗試』。」

蒂蒂：「注意到什麼……能夠說得具體一點嗎？」

我：「例如剛才 $P(a, b) = Q(b, a)$ 的性質，可以從中發現函數 $P$ 和 $Q$ 滿足什麼樣的式子。」

蒂蒂：「原來如此，的確如同學長所說。我們嘗試代入具體的數值，從中發現函數 $P$ 的性質……嗯，到目前為止，關於函數 $P$ 已經知道這些事情。」

$$P(1,1) = \tfrac{1}{2}$$
$$P(1,2) = \tfrac{3}{4}$$
$$P(2,1) = \tfrac{1}{4}$$
$$P(2,1) = Q(1,2)$$

我：「是的。然後，對於 1 以上任意整數 $a$、$b$，滿足

$$P(a,b) = Q(b,a)$$

嗯，這樣想來，$P(1,1)=\dfrac{1}{2}$ 也是理所當然的。當 $a=b=1$，
$P(1,1)=Q(1,1)=1-P(1,1)$，所以 $P(1,1)=1-P(1,1)$。換
言之，

$$2P(1,1) = 1$$

整理後，

$$P(1,1) = \tfrac{1}{2}$$

同理，

$$P(1,1) = P(2,2) = P(3,3) = \cdots = \tfrac{1}{2}$$

。」

蒂蒂：「原來如此。A 和 B 的剩餘得分相同時，A 獲勝的機率
的確是 $\dfrac{1}{2}$。當 $a=b$，結果也是

$$P(a,b) = \tfrac{1}{2}$$

相當於同分時的平分。」

我：「是的，然後這邊可以發現非常重要的關係喔。在計算
$P(2,1)$ 的時候，會出現 $P(1,1)$。」

蒂蒂：「咦……？」

我：「妳前面有討論 $P(2,1)$ 嘛。從『A 剩餘 2 分、B 剩餘 1 分獲勝』繼續投擲硬幣，若出現正面，則『A 和 B 皆為剩餘 1 分獲勝』。在這樣的狀態下，A 獲勝的機率會是 $P(1,1)$。」

蒂蒂：「的確是這樣。啊！這也是函數 P 的性質？」

我：「是的。

$$P(2,1) = \tfrac{1}{2}P(1,1)$$

我們可以發現這個式子成立。」

蒂蒂比較了圖形和我的式子好幾次。

蒂蒂：「……原來如此！學長、學長！這就像是照著圖形列出式子嘛！」

---

## 5.7 圖形與式子的對應

我：「照著圖形列出式子——的確。」

蒂蒂：「學長寫的式子 $P(2,1) = \dfrac{1}{2}P(1,1)$，可以直接對應圖形哦。左邊的 $P(2,1)$ 會是

$$P(2,1) = \boxed{\begin{array}{l} \text{A 剩餘 2 分、} \\ \text{B 剩餘 1 分獲勝時，} \\ \text{A 獲勝的機率} \end{array}}$$

。」

**我**：「是的，沒錯，就如同函數 P 的定義。」

**蒂蒂**：「然後，右邊的 $\frac{1}{2}P(1,1)$ 會是

$$\frac{1}{2}P(1,1) = \boxed{\text{出現正面的機率 } \frac{1}{2}} \times \boxed{\begin{array}{l}\text{A 剩餘 1 分獲勝、}\\ \text{B 也剩餘 1 分獲勝時，}\\ \text{A 獲勝的機率}\end{array}}$$

正好可看作是，從 $P(2,1)$ 沿著圖形上 $\frac{1}{2}$ 的箭頭向 $P(1,1)$ 前進。感覺像是將圖形翻譯成式子。」

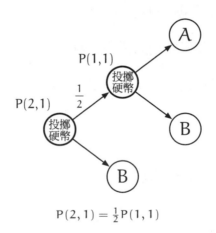

$$P(2,1) = \tfrac{1}{2}P(1,1)$$

**我**：「對、對！就像看著圖形一步步列出式子。一面確認與圖形的整合性，一面列出式子。妳是這個意思嘛。」

**蒂蒂**：「嗯，是的。閱讀式子時能夠浮現『具體的描述』，左邊 $P(\underline{2},1)$ 的 $\underline{2}$ 表示『A 剩餘 $\underline{2}$ 分獲勝』。這個 2 前進到右邊時變成 $P(\underline{1},1)$ 的 $\underline{1}$，表示情況變成『A 剩餘 $\underline{1}$ 分獲勝』。因為擲出正面後，情況跟著改變了！」

我：「是的。」

蒂蒂：「擲出正面時，A 會再拿到 1 分。這樣一來，A 距離獲勝的剩餘分數從 2 分變為 1 分。這個變化被翻譯成從 $P(2, 1)$ 轉為 $P(1, 1)$。」

我：「嗯、嗯，看來妳確實掌握式子了。」

蒂蒂：「……等一下。其他情況也是這樣嘛。例如，前面計算的 $P(1, 2)$。」

$$P(1, 2) = \tfrac{3}{4}$$

我：「嗯，是的。$P(1, 2)$ 的情況也像是照著圖形列出式子。」

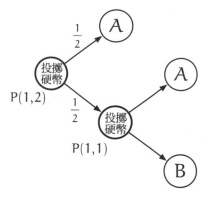

$$P(1, 2) = \tfrac{1}{2} + \tfrac{1}{2} P(1, 1)$$

蒂蒂：「啊啊，的確是這樣。這個式子是兩個數相加，但分別對應硬幣的正反面！」

$$P(1,2) = \underbrace{\tfrac{1}{2}}_{\text{擲出正面}} + \underbrace{\tfrac{1}{2}P(1,1)}_{\text{擲出反面}}$$

我：「對，沒錯。」

蒂蒂：「學長！我可以說件理所當然的事情嗎？」

我：「當然可以，請說。」

蒂蒂：「這邊出現相加，是因為**互斥**的關係嘛。討論投擲硬幣 1 次的試驗時，擲出正面和擲出反面是互斥事件。所以，

$$P(1,2) = \boxed{\tfrac{1}{2}} + \boxed{\tfrac{1}{2}P(1,1)}$$

右邊會是兩數相加的形式。」

我：「是的。這是互斥情況的加法定理。」

蒂蒂：「$P(2,1)$ 和 $P(1,2)$ 會是這樣……哎？」

$$P(2,1) = \tfrac{1}{2}P(1,1)$$
$$P(1,2) = \tfrac{1}{2} + \tfrac{1}{2}P(1,1)$$

蒂蒂說到一半就停了下來，
邊咬著指甲邊盯著式子，
貌似注意到了什麼奇怪的地方。

## 5.8　蒂蒂注意到的地方

蒂蒂：「這兩個式子 $P(2,1)$ 和 $P(1,2)$，只是交換 A 和 B 的剩餘
　　　分數，但右邊的式子形式不一樣。為什麼不是同樣的形式
　　　呢？」

$$P(2,1) = \tfrac{1}{2}P(1,1)$$
$$P(1,2) = \tfrac{1}{2} + \tfrac{1}{2}P(1,1)$$

我：「很簡單喔。$P(a,b)$ 是『A 剩餘 $a$ 分、B 剩餘 $b$ 分獲勝時，
　　A 獲勝的機率』，由於是關注 A 獲勝的機率，所以交換後
　　形式當然會不一樣。」

蒂蒂：「原來如此，說的也是。我應該要注意式子代表什麼東
　　　西才對。」

我：「嗯，若是要相同的式子形式，可以這樣改寫喔。注意多
　　出來的 0 和 1。」

$$\begin{cases} P(2,1) &= \tfrac{1}{2} \cdot P(1,1) &+ \tfrac{1}{2} \cdot \boxed{0} \\ P(1,2) &= \tfrac{1}{2} \cdot \boxed{1} &+ \tfrac{1}{2} \cdot P(1,1) \end{cases}$$

蒂蒂：「這是……？」

我：「看得懂嗎？」

蒂蒂：「看不太懂。乘上 1 是自己本身，乘上 0 會變成 0 嘛。」

我：「0 表示『B 已經確定獲勝，所以 A 獲勝的機率為 0』；1
　　表示『A 已經確定獲勝，所以 A 獲勝的機率為 1』。像這
　　樣明確寫出 0 和 1 後，就能夠看出是交換後的式子形式。」

蒂蒂：「我明白了！數學式真是有趣。」

我：「嗯，沒錯。將 0 和 1 換成函數 P，會更容易理解吧。」

$$\begin{cases} P(2,1) & = \frac{1}{2} \cdot P(1,1) & + \frac{1}{2} \cdot P(2,0) \\ P(1,2) & = \frac{1}{2} \cdot P(0,2) & + \frac{1}{2} \cdot P(1,1) \end{cases}$$

蒂蒂：「出現了 $P(2,0)$ 和 $P(0,2)$ ……這是？」

我：「嗯。定義 $P(2,0)=0$、$P(0,2)=1$，可具體表示 0、1 的數
　　值意義。」

蒂蒂：「學長，這不太對啊。問題 5-2 有附加條件：$P(a,b)$ 的 $a$
　　　和 $b$ 必須是 1 以上的整數。這樣的話，不能夠像 $P(2,0)$、
　　　$P(0,2)$ 這樣裡頭出現 0 吧。」

我：「是的，所以我們現在要**擴張**函數 $P$ 的定義域來討論。」

蒂蒂：「擴張……」

## 5.9　擴張來討論

我：「問題 5-2 會假設 $a$ 和 $b$ 為 1 以上的整數，是因為認為 0 沒
　　有意義的緣故。若 $a=0$，則 A 確定獲勝；若 $b=0$，則 A 確
　　定敗北，根本不須要計算機率。」

蒂蒂：「嗯，我也這麼認為。」

我：「不過，定義 $P(a, 0) = 0$ 和 $P(0, b) = 1$ 具有一貫性，並沒有錯誤喔。」

蒂蒂：「這個一貫性是什麼意思？」

我：「意思是定義 $P(a, 0) = 0$ 並不奇怪。因為 A 已經確定敗北，所以定義 A 獲勝的機率為 0。」

蒂蒂：「啊，的確是這樣。$P(0, b) = 1$ 相反過來，因為 A 已經確定獲勝，所以定義 A 獲勝的機率為 1……？」

我：「是的。雖然剛才說根本不需要計算機率，但在討論式子時具有重要的意義。」

蒂蒂：「嗯。對啊！這跟討論空事件、全事件的時候相似，將『絕不發生』『肯定發生』也當作事件來討論（p.95）。」

我：「沒錯，應該一開始就要加上這樣的條件。」

蒂蒂：「這樣的式子非常清楚易懂！」

$$P(2, 1) = \tfrac{1}{2}P(1, 1) + \tfrac{1}{2}P(2, 0)$$
$$P(1, 2) = \tfrac{1}{2}P(0, 2) + \tfrac{1}{2}P(1, 1)$$

我：「對了，若定義成 $P(a, 0) = 0$ 和 $P(0, b) = 1$，則 $P(1, 0) = 0$、$P(0, 1) = 1$，剛才計算的 $P(1, 1)$ 也可表達成一樣的形式。妳看！」

$$P(1,1) = \tfrac{1}{2}P(0,1) + \tfrac{1}{2}P(1,0)$$

蒂蒂：「$P(1,1)$ 是 $\dfrac{1}{2}$ 嘛。因為投擲硬幣後，若出現 A 則 A 獲勝。」

我：「嗯，計算結果也相符合。」

$$\begin{aligned}
P(1,1) &= \tfrac{1}{2}P(0,1) + \tfrac{1}{2}P(1,0) && \text{由上式得到} \\
&= \tfrac{1}{2} \cdot 1 + \tfrac{1}{2} \cdot 0 && \text{由 } P(0,1)=1 \text{、} P(1,0)=0 \text{ 得到} \\
&= \tfrac{1}{2} && \text{整理計算}
\end{aligned}$$

蒂蒂：「的確。我前面只想到『投擲硬幣後，若擲出 A 則 A 獲勝』，但

$$P(1,1) = \tfrac{1}{2}P(0,1) + \tfrac{1}{2}P(1,0)$$

這個式子更能夠清楚描述情況──『擲出正面且 A 獲勝的事件』和『擲出反面且 A 獲勝的事件』是互斥事件。『擲出反面且 A 獲勝的事件』在這裡是空事件。」

我：「對、對，妳理解得很清楚。」

蒂蒂：「學長總是這樣鼓勵我耶，謝謝你。」

我：「因為妳很努力啊。然後，嗯……有『成為朋友』了嗎？」

蒂蒂：「嗯，感謝學長一直都對我很好。」

蒂蒂這麼說後就低下頭。

我：「咦？不，我是在說函數 P……」

蒂蒂：「啊！『朋友』是指函數 P 嗎？真丟臉。」

我：「不，我才要感謝妳一直都對我很好。」

蒂蒂：「不、不會！……我才是。」

我們互相彎腰鞠躬。

## 5.10　函數 P 的性質

我：「多虧妳有仔細探討式子，我們才能夠擴張函數 P，得知
函數 P 滿足這個遞迴關係式，更進一步地瞭解了函數 P。」

---

**函數 P 滿足的遞迴關係式**

函數 P 滿足下述的遞迴關係式

$$\begin{cases} P(0, b) & = 1 \\ P(a, 0) & = 0 \\ P(a, b) & = \frac{1}{2}P(a-1, b) + \frac{1}{2}P(a, b-1) \end{cases}$$

其中，$a$ 和 $b$ 皆為 1 以上的整數（1、2、3、……）。

---

蒂蒂：「好的……」

　　蒂蒂一個個確認遞迴關係式。

我：「妳應該能夠說明這個遞迴關係式，對應『未分勝負的比賽』的什麼地方吧。這個 0 代表什麼意思？這個 1 代表什麼意思？這個 $\frac{1}{2}$ 又代表什麼意思……」

蒂蒂：「嗯，我應該全部都能夠說明！從小的數嘗試很重要，接著構想圖形、動手計算、仔細思考式子所代表的意思。」

我：「是的。那麼，終於準備好求問題 5-2 的函數 P 和 Q 了。」

蒂蒂：「一般化『未分勝負的比賽』問題！」

問題 5-2（重提一般化「未分勝負的比賽」）

A 和 B 兩人進行反覆投擲公正硬幣的比賽，起初兩人的分數皆為 0 分。

- 若擲出正面，則 A 得到 1 分。
- 若擲出反面，則 B 得到 1 分。

先取得某分數的人獲勝，能夠獲得所有獎金。然而，比賽進行到一半中斷，決定將獎金分給 A 和 B 兩人。已知比賽中斷的時候，

- A 距離獲勝剩餘 $a$ 分。
- B 距離獲勝剩餘 $b$ 分。

試求 A 獲勝的機率 $P(a, b)$ 和 B 獲勝的機率 $Q(a, b)$。其中，$a$ 和 $b$ 皆為 1 以上的整數。

我：「雖然列出遞迴關係式了，但這邊還沒有用 $a$ 和 $b$ 表示 $P(a, b)$。」

蒂蒂：「等等，我確認一下，給予具體的 $a$ 和 $b$ 後，就能夠用遞迴關係式實際計算 $P(a, b)$ 吧？」

我：「是的，沒錯。使用我們列出的遞迴關係式後，能夠用 $P(a-1, b)$ 和 $P(a, b-1)$ 表示 $P(a, b)$。反覆遞迴下去，最後可組合成 $P(0, *)$ 和 $P(\bigstar, 0)$ 的式子形式，假設 *、★ 是 1 以上的整數，就能夠計算。」

蒂蒂：「好的，還好跟我想的一樣。」

我：「因為有遞迴關係式，所以只要給予具體的 $a$ 和 $b$，就能夠計算 $P(a,b)$。不過，我們想要更近一步，推導出

$$『包含 a 和 b，但不包含 P 的式子』$$

。」

蒂蒂：「好的，我們的目標是只用 $a$ 和 $b$ 表示 $P(a,b)$ 嘛。可是，究竟該怎麼做才好呢？」

我：「嗯，我已經看出大概的方向了。」

蒂蒂：「我看不出來……這需要天賦才能夠看出來嗎？」

我：「不，這跟天賦沒有關係。」

蒂蒂：「但是，找不出『頭緒』就做不下去吧。」

我：「那麼，再次『從小的數嘗試』尋找『頭緒』吧！」

蒂蒂：「咦！」

我：「這是妳剛才說過的喔。給予具體的 $a$ 和 $b$ 後，能夠用遞迴關係式計算 $P(a,b)$。這樣的話，在具體討論的過程中，可能會發現『頭緒』也說不定。例如，試著遵從遞迴關係式計算 $P(2,2)$，可知答案是 $\frac{1}{2}$。」

## 5.11 計算 $P(2, 2)$ 的值

函數 P 滿足的遞迴關係式（重提）

函數 P 滿足下述的遞迴關係式

$$\begin{cases} P(0, b) & = 1 \\ P(a, 0) & = 0 \\ P(a, b) & = \frac{1}{2}P(a-1, b) + \frac{1}{2}P(a, b-1) \end{cases}$$

其中，a 和 b 皆為 1 以上的整數（1、2、3、……）。

蒂蒂：「為了找到解開遞迴關係式的線索，試著使用遞迴關係式計算 $P(2, 2)$ 嘛。的確如此，這個我也能夠馬上做出來，放心交給我吧！」

$$\begin{aligned} P(2, 2) &= \frac{1}{2}P(1, 2) + \frac{1}{2}P(2, 1) \quad \text{由遞迴關係式得到} \\ &= \frac{1}{2}\big(P(1, 2) + P(2, 1)\big) \quad \text{提出} \frac{1}{2} \end{aligned}$$

我：「嗯，使用遞迴關係式再提出 $\frac{1}{2}$。」

蒂蒂：「是的。反覆這樣遞迴下去後，$P(1, 2)$ 和 $P(2, 1)$ 能夠表達成下式，逐漸減少 1。」

$$\begin{cases} P(1, 2) = \frac{1}{2}P(0, 2) + \frac{1}{2}P(1, 1) \\ P(2, 1) = \frac{1}{2}P(1, 1) + \frac{1}{2}P(2, 0) \end{cases}$$

所以，我們能夠代入 $P(1, 2)$ 和 $P(2, 1)$。」

$$P(2,2) = \frac{1}{2}\big(P(1,2) + P(2,1)\big) \qquad \text{由上式得到}$$

$$= \frac{1}{2}\big(\frac{1}{2}P(0,2) + \frac{1}{2}P(1,1)\big) + \frac{1}{2}\big(\frac{1}{2}P(1,1) + \frac{1}{2}P(2,0)\big) \qquad \text{代入後}$$

$$= \frac{1}{2} \cdot \frac{1}{2}\big(P(0,2) + P(1,1) + P(1,1) + P(2,0)\big) \qquad \text{提出}\frac{1}{2}$$

$$= \frac{1}{4}\big(P(0,2) + P(1,1) + P(1,1) + P(2,0)\big) \qquad \text{關注相同項目}$$

$$= \frac{1}{4}\big(P(0,2) + 2P(1,1) + P(2,0)\big) \qquad \text{相加起來（♡）}$$

$$= \frac{1}{4}\big(1 + 2P(1,1) + 0\big) \qquad \text{由 } P(0,2)=1 \text{、} P(2,0)=0 \text{ 得到}$$

我：「原來如此。」

蒂蒂：「然後，我們能夠將 $P(1,1) = \frac{1}{2}P(0,1) + \frac{1}{2}P(1,0)$ 代入 $P(1,1)$。」

$$P(2,2) = \frac{1}{4}\big(1 + 2P(1,1) + 0\big) \qquad \text{由上式得到}$$

$$= \frac{1}{4}\big(1 + 2\big(\frac{1}{2}P(0,1) + \frac{1}{2}P(1,0)\big) + 0\big) \qquad \text{代入後}$$

$$= \frac{1}{4}\big(1 + P(0,1) + P(1,0) + 0\big)$$

$$= \frac{1}{4}\big(1 + 1 + 0 + 0\big) \qquad \text{由 } P(0,1)=1 \text{、} P(1,0)=0 \text{ 得到}$$

$$= \frac{1}{2}$$

我：「看來，計算得很順利嘛。」

蒂蒂：「嗯，最後真的變成 $\frac{1}{2}$ 了，但……」

我：「有什麼在意的地方嗎？」

蒂蒂：「……不，沒有。」

我：「那麼，再嘗試——」

蒂蒂：「好的，這次換嘗試 $P(3,3)$。」

## 5.12 計算 $P(3, 3)$ 的途中

$$\begin{aligned}
P(3,3) &= \tfrac{1}{2}P(2,3) + \tfrac{1}{2}P(3,2) && \text{由遞迴關係式得到} \\
&= \tfrac{1}{2}\left( \boxed{P(2,3)} + \boxed{P(3,2)} \right) && \text{提出}\tfrac{1}{2} \\
&= \tfrac{1}{2}\left( \boxed{\tfrac{1}{2}P(1,3) + \tfrac{1}{2}P(2,2)} \right) + \tfrac{1}{2}\left( \boxed{\tfrac{1}{2}P(2,2) + \tfrac{1}{2}P(3,1)} \right) && \text{代入後} \\
&= \tfrac{1}{2} \cdot \boxed{\tfrac{1}{2}}\left( P(1,3) + P(2,2) + P(2,2) + P(3,1) \right) && \text{提出}\tfrac{1}{2} \\
&= \tfrac{1}{2} \cdot \tfrac{1}{2}\left( P(1,3) + \boxed{P(2,2) + P(2,2)} + P(3,1) \right) && \text{關注相同項目} \\
&= \tfrac{1}{4}\left( P(1,3) + \boxed{2P(2,2)} + P(3,1) \right) && \text{相加起來（♣）} \\
&= \cdots
\end{aligned}$$

我：「啊！等一下，蒂蒂。」

蒂蒂：「咦！算錯了嗎？」

我：「$P(2,2)$ 也有出現類似的式子形式喔。」

$$P(2,2) = \tfrac{1}{4}\left( P(0,2) + 2P(1,1) + P(2,0) \right) \quad \text{由♡得到（}p.228\text{）}$$
$$P(3,3) = \tfrac{1}{4}\left( P(1,3) + 2P(2,2) + P(3,1) \right) \quad \text{由♣得到}$$

蒂蒂：「啊，真的好像耶。為什麼呢？啊！我知道了。這跟投擲硬幣 2 次出現『正反』或者『反正』一樣，只差在 A 和 B 的剩餘得分逐漸減 1 的順序不同。」

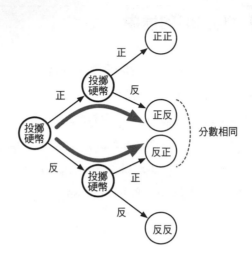

我：「是的。」

蒂蒂：「所以，將會合的兩項相加起來──啊！這是巴斯卡三角形！轉成這樣就能夠看出來！」

蒂蒂將頭傾斜 90 度說道。

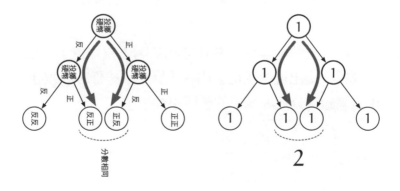

我：「嗯，沒錯。剛才的式子若不省略 1，也能夠看出巴斯卡三角形的**二項式係數** 1、2、1。」

$$P(2,2) = \tfrac{1}{4}\left( \boxed{1}P(0,2) + \boxed{2}P(1,1) + \boxed{1}P(2,0) \right) \quad \text{由♡得到}$$

$$P(3,3) = \tfrac{1}{4}\left( \boxed{1}P(1,3) + \boxed{2}P(2,2) + \boxed{1}P(3,1) \right) \quad \text{由♣得到}$$

蒂蒂：「……這樣的話，進一步計算 $P(3,3)$ 會出現 1、3、3、1 嗎？」

我：「試試看吧！」

$$
\begin{aligned}
&P(3,3) \\
&= \tfrac{1}{4}\left( P(1,3) + 2P(2,2) + P(3,1) \right) \\
&= \tfrac{1}{4}\left( \tfrac{1}{2}\left( P(0,3) + P(1,2) \right) + 2 \cdot \tfrac{1}{2}\left( P(1,2) + P(2,1) \right) + \tfrac{1}{2}\left( P(2,1) + P(3,0) \right) \right) \\
&= \tfrac{1}{8}\left( P(0,3) + P(1,2) + 2P(1,2) + 2P(2,1) + P(2,1) + P(3,0) \right) \\
&= \tfrac{1}{8}\left( P(0,3) + 3P(1,2) + 3P(2,1) + P(3,0) \right) \\
&= \tfrac{1}{8}\left( \boxed{1}P(0,3) + \boxed{3}P(1,2) + \boxed{3}P(2,1) + \boxed{1}P(3,0) \right)
\end{aligned}
$$

蒂蒂：「哈……真的出現了 1、3、3、1！剛好左邊先出現 $P(1,2)$，右邊再出現 $2P(1,2)$，兩者相加起來變成 $3P(1,2)$，真的就是巴斯卡三角形嘛……」

## 5.13　一般化 $P(3, 3)$

我：「然後，因為 $8 = 2^3$，$P(3,3)$ 可像這樣改寫。

$$P(3,3) = \frac{1}{2^3}\left( \boxed{1}P(0,3) + \boxed{3}P(1,2) + \boxed{3}P(2,1) + \boxed{1}P(3,0) \right)$$

這邊將二項式係數 1、3、3、1 寫成 $\binom{n}{k}$ 的形式，就能夠看出規則。」

$$1 \quad\quad 3 \quad\quad 3 \quad\quad 1$$
$$\vdots \quad\quad \vdots \quad\quad \vdots \quad\quad \vdots$$
$$\binom{3}{0} \quad \binom{3}{1} \quad \binom{3}{2} \quad \binom{3}{3}$$

蒂蒂：「$\binom{3}{0}$、$\binom{3}{1}$、$\binom{3}{2}$、$\binom{3}{3}$ 是組合嗎？」

我：「是的，$\binom{n}{k}$ 和 $_nC_k$ 是同樣的概念。我們使用組合來改寫 $P(3,3)$。」

$$P(3,3) = \frac{1}{2^3} \left( \boxed{1}P(0,3) + \boxed{3}P(1,2) + \boxed{3}P(2,1) + \boxed{1}P(3,0) \right)$$
$$\vdots \quad\quad\quad \vdots \quad\quad\quad \vdots \quad\quad\quad \vdots$$
$$P(3,3) = \frac{1}{2^3} \left( \boxed{\binom{3}{0}}P(0,3) + \boxed{\binom{3}{1}}P(1,2) + \boxed{\binom{3}{2}}P(2,1) + \boxed{\binom{3}{3}}P(3,0) \right)$$

蒂蒂：「……好的。」

蒂蒂仔細閱讀式子後答道。

我：「妳有看出括號中的規則吧。」

$$P(3,3) = \frac{1}{2^3} \left( \boxed{\binom{3}{0}P(0,3)} + \boxed{\binom{3}{1}P(1,2)} + \boxed{\binom{3}{2}P(2,1)} + \boxed{\binom{3}{3}P(3,0)} \right)$$

蒂蒂：「有。括號的前項是以 0、1、2、3 變化。」

我：「相反地，括號的後項是以 3、2、1、0 變化。若讓文字 k 的數值以 0、1、2、3 變化，

$$\boxed{\binom{3}{k}P(k, 3-k)}$$

可用這個式子表示四個項目。」

蒂蒂：「我懂了、我懂了。如果 k 是以 0、1、2、3 變化，3 − k 就會是 3、2、1、0。」

我：「這樣就能用 Σ 改寫 $P(3,3)$！」

$$P(3,3) = \frac{1}{2^3} \sum_{k=0}^{3} \boxed{\binom{3}{k} P(k, 3-k)}$$

蒂蒂：「這個我知道！分別代入 $k = 0, 1, 2, 3$，再將 $\boxed{\binom{3}{k} P(k, 3-k)}$ 相加起來。[*6]」

我：「然後，將 3 改成 a 就完成了一般化。

$$P(a, a) = \frac{1}{2^a} \sum_{k=0}^{a} \boxed{\binom{a}{k} P(k, a-k)} \quad (a \text{ 是 1 以上的整數})$$

為了慎重起見，代入 $a = 1$ 驗算是不是等於 $\frac{1}{2}$ 吧。

$$
\begin{aligned}
P(1,1) &= \frac{1}{2^1} \sum_{k=0}^{1} \binom{1}{k} P(k, 1-k) \\
&= \frac{1}{2^1} \Big( \underbrace{\boxed{\binom{1}{0} P(0, 1-0)}}_{k = 0 \text{ 的時候}} + \underbrace{\boxed{\binom{1}{1} P(1, 1-1)}}_{k = 1 \text{ 的時候}} \Big) \\
&= \frac{1}{2^1} \Big( \binom{1}{0} P(0,1) + \binom{1}{1} P(1,0) \Big) \\
&= \frac{1}{2^1} \big( 1 \cdot 1 + 1 \cdot 0 \big) \\
&= \frac{1}{2}
\end{aligned}
$$

嗯，沒有問題。」

---

[*6] 關於 Σ 的內容，參見《數學女孩秘密筆記：數列篇》。

蒂蒂:「終於可以使用式子來表示函數 P 了!」

我:「不,還沒有。剛才討論的僅有 $P(a, a)$,也就是 A 和 B 獲勝的剩餘分數相同的情況。而且,右邊還留有 P。」

蒂蒂:「啊……說的也是。我們想要求的是 $P(a, b)$,但情況未必是 $a = b$。」

我:「是的。那接下來該怎麼做?」

蒂蒂:「我還看不出來……但是,我可以再次『從小的數嘗試』尋找『頭緒』!」

我:「喔喔!」

蒂蒂:「展開 $P(3, 3)$ 可得到 $P(a, a)$,感覺展開 $P(3, 2)$ 也能夠發現什麼……我來計算 $P(3, 2)$!」

　　蒂蒂開始著手計算 $P(3, 2)$。
　　此時,米爾迦走進圖書室。

---

## 5.14　米爾迦

米爾迦:「今天也是機率?」

我:「是的。我們打算一般化『未分勝負的比賽』問題,列出遞迴關係式後,目前正在尋找式子的規則。」

函數 P 滿足的遞迴關係式（重提）

函數 P 滿足下述的遞迴關係式

$$
\begin{cases}
P(0, b) & = 1 \\
P(a, 0) & = 0 \\
P(a, b) & = \frac{1}{2}P(a-1, b) + \frac{1}{2}P(a, b-1)
\end{cases}
$$

其中，a 和 b 皆為 1 以上的整數（1、2、3、……）。

米爾迦：「感覺這個遞迴關係式會出現巴斯卡三角形。」

我：「嗯，是的，所以會出現二項式係數……」

蒂蒂：「二項式係數沒有出現！」

我：「咦？」

## 5.15　計算 $P(3, 2)$ 的值

蒂蒂：「怎麼辦？為了找出式子的規則，我展開了 $P(3, 2)$。雖然順利導出二項式係數，但展開 $P(3, 0)$ 後會出現 $P(3, -1)$！出現 $-1$ 該怎麼辦……」

$$P(3,2) = \frac{1}{2^1} \left( \boxed{1}P(2,2) + \boxed{1}P(3,1) \right)$$

$$= \frac{1}{2^2} \left( \boxed{1}P(1,2) + \boxed{2}P(2,1) + \boxed{1}P(3,0) \right)$$

$$= \frac{1}{2^3} \left( \boxed{1}P(0,2) + \boxed{3}P(1,1) + \boxed{3}P(2,0) + \boxed{1}\underbrace{P(3,-1)}_{\uparrow} \right)$$

我：「對喔。因為在 a 和 b 是 1 以上整數的時候，才能夠使用 $P(a,b) = \frac{1}{2}P(a-1,b) + \frac{1}{2}P(a,b-1)$，所以 $P(3,0)$ 沒有辦法套用。」

米爾迦：「$P(a,b)$ 是 A 剩餘 a 分、B 剩餘 b 分時的 A 獲勝機率？」

我：「嗯，是的。所以，我們能夠知道 $P(3,0)$ 的值。A 剩餘 3 分、B 剩餘 0 分獲勝，所以 A 獲勝的機率為 0，也就是 $P(3,0)=0$。不過，我們現在想要從具體的數值找出式子的規則，所以不曉得該怎麼辦。」

米爾迦：「哼嗯……」

蒂蒂：「若是出現 $P(3,-1)$，就沒有意義了。」

米爾迦：「怎麼說？」

蒂蒂：「怎麼說……？剩餘 -1 分獲勝，這沒有意義吧。」

我：「剩餘 -1 分……」

米爾迦：「不能夠剩餘 -1 分嗎？」

蒂蒂：「是的。能夠剩餘 0 分，但不能夠剩餘 −1 分。前面一開始是討論 1 以上的整數，但後來擴張成允許使用 0。根據一貫性進行擴張，可將剩餘 0 分解釋成確定分出勝負，但 −1 沒有辦法做類似的解釋。」

米爾迦：「沒辦法做到具有一貫性的解釋？」

蒂蒂：「因為距離獲勝剩餘 −1 分⋯⋯」

我：「啊，可以解釋喔！蒂蒂！」

蒂蒂：「咦咦⋯⋯？」

　　蒂蒂蹙緊了眉頭。

---

## 5.16　進一步擴張討論

我：「只要在 B 獲勝，也就是 $b = 0$ 之後，進一步繼續比賽就行了。投擲硬幣出現反面時，距離勝利需要的分數也再增加 1 分。這個情況的確可解釋成『B 距離勝利剩餘 −1 分』。」

米爾迦：「為了推導進一步擴張遞迴關係式，或者——」

我：「像這樣擴張到 −1 追加式子。」

函數 P 滿足的遞迴關係式（擴張到 −1）

函數 P 滿足下述的遞迴關係式

$$
\begin{cases}
P(-1, b) = 1 & （追加） \\
P(a, -1) = 0 & （追加） \\
P(0, b) = 1 & \\
P(a, 0) = 0 & \\
P(a, b) = \frac{1}{2}P(a-1, b) + \frac{1}{2}P(a, b-1) &
\end{cases}
$$

其中，$a$ 和 $b$ 皆為 1 以上的整數（1、2、3、……）。

蒂蒂：「再次展開尋找規則的冒險！」

$$
\begin{aligned}
P(3, 2) &= \frac{1}{2^1}\left( 1P(2,2) + 1P(3,1) \right) \\
&= \frac{1}{2^2}\left( 1P(1,2) + 2P(2,1) + 1P(3,0) \right) \\
&= \frac{1}{2^3}\left( 1P(0,2) + 3P(1,1) + 3P(2,0) + 1P(3,-1) \right) \\
&= \frac{1}{2^4}\left( 1P(-1,2) + 4P(0,1) + 6P(1,0) + 4P(2,-1) + 1P(3,-2) \right)
\end{aligned}
$$

我：「後面會出現 −2 啊……」

蒂蒂：「那麼，再進一步擴張吧！」

米爾迦：「蒂蒂要繼續擴張到什麼時候？A 獲勝的機率已經求出來了喔。」

我：「的確。$P(-1, 2)$ 和 $P(0, 1)$ 是 1，剩下的是 0。」

$$P(3,2) = \frac{1}{2^4} \Big( 1 \underbrace{P(-1,2)}_{1} + 4 \underbrace{P(0,1)}_{1} + 6 \underbrace{P(1,0)}_{0} + 4 \underbrace{P(2,-1)}_{0} + 1 \underbrace{P(3,-2)}_{0} \Big)$$

蒂蒂：「啊！我發現規則了！」

我：「對、對！」

蒂蒂：「由左依序是 1、1、0、0、0，而 1 集中在左邊。因為 $P(a,b)$ 的 $a$ 是 0 或者 $-1$，所以這個 1 是 A 獲勝的情況。」

$$P(3,2) = \frac{1}{2^4} \Big( 1 \underbrace{P(\boxed{-1},2)}_{1} + 4 \underbrace{P(\boxed{0},1)}_{1} + 6 \underbrace{P(1,0)}_{0} + 4 \underbrace{P(2,-1)}_{0} + 1 \underbrace{P(3,-2)}_{0} \Big)$$

我：「我發現了不同的規則喔。括號前後相加起來會是 1。」

$$P(3,2) = \frac{1}{2^4} \Big( 1P(\underbrace{-1,2}_{\text{相加為}1}) + 4P(\underbrace{0,1}_{\text{相加為}1}) + 6P(\underbrace{1,0}_{\text{相加為}1}) + 4P(\underbrace{2,-1}_{\text{相加為}1}) + 1P(\underbrace{3,-2}_{\text{相加為}1}) \Big)$$

蒂蒂：「但是，『相加為 1』有什麼意義嗎？」

我：「這得從式子中看出規則，而且 $\frac{1}{2^4}$ 中 4 的意義也——」

此時，米爾迦打了一個響指。
蒂蒂和我轉頭看向米爾迦。

米爾迦：「你和蒂蒂都想要直接從式子找出規則，為什麼不畫圖討論以 $a$ 和 $b$ 組合而成的 $P(a,b)$？將 $(a,b)$ 看成是座標平面上的點，應該就會出現巴斯卡三角形。」

我：「喔喔！」

蒂蒂：「啊啊，這像是將式子翻譯成座標嘛……」

## 5.17 在座標平面上討論

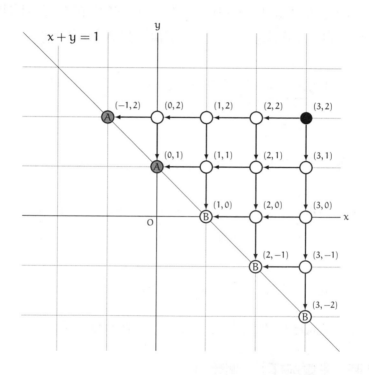

座標平面

米爾迦：「討論座標平面，假設 $a$、$b$ 是 1 以上的整數，且點 $(a,b)$ 對應『A 剩餘 $a$ 分、B 剩餘 $b$ 分獲勝』的情況。遞迴關係式 $P(a,b)=\dfrac{1}{2}P(a-1,b)+\dfrac{1}{2}P(a,b-1)$ 的右邊兩項，對應點 $(a,b)$ 左邊的點 $(a-1,b)$ 和下方的點 $(a,b-1)$。」

蒂蒂：「的確，能夠看出巴斯卡三角形！」

蒂蒂將頭傾斜了 45°。

我：「原來如此。沿循箭頭前進，若抵達縱向的$y$軸直線$x=0$，則 A 獲勝；若抵達橫向的 $x$ 軸直線$y=0$，則 B 獲勝嘛。」

米爾迦：「由座標平面來討論，就能夠瞭解你所想知道的『相加為 $1$』，就相當於直線 $x+y=1$ 的意思。」

我：「嗯！由點 $(3,2)$ 沿循箭頭前進，當抵達直線 $x+y=1$，就確定分出勝負了。因為 $x$ 和 $y$ 為整數且 $x+y=1$，所以 $x$ 和 $y$ 至少其中一個小於等於 0。若 $x\leq 0$ 則 A 獲勝；若 $y\leq 0$ 則 B 獲勝。因此，遞迴關係式可以改成這樣。」

函數 P 滿足的遞迴關係式

函數 P 滿足下述的遞迴關係式

$$P(a, b) = \begin{cases} 1 & (a \leqq 0) \\ 0 & (b \leqq 0) \\ \frac{1}{2}P(a-1, b) + \frac{1}{2}P(a, b-1) & (a > 0 \ \text{且} \ b > 0) \end{cases}$$

其中，a 和 b 為整數且 $a+b \geqq 1$。

蒂蒂：「兩個 Ⓐ Ⓐ 相當於A獲勝；三個 Ⓑ Ⓑ Ⓑ 相當於B獲勝。

從式子和圖形都能夠找出規則嘛……」

我：「蒂蒂提到巴斯卡三角形的時候，要是能夠用座標討論獲勝條件就好了。」

米爾迦：「將 $a+b=1$ 改成 $a+b-1=0$，可瞭解式子 $a+b-1$ 的數值具有的重要意義。例如，$P(3, 2)$ 中 $\frac{1}{2^4}$ 的 4 就是 $a+b-1$。」

蒂蒂：「原來如此。$a+b-1$ 是確定分出勝負時的硬幣投擲次數耶！」

我：「是的，蒂蒂。這可用下式幫助理解：

$$a+b-1 = (a-1) + (b-1) + 1$$

假設 A 和 B 遲遲分不出勝負，纏鬥到擲出 $a-1$ 次正面、
$b-1$ 次反面，還是未分勝負，但只要再投擲 1 次，就能夠
確定 A 和 B 其中一人獲勝。因此，$a+b-1$ 是確定分出勝
負時的硬幣投擲次數。」

米爾迦：「以座標平面討論時，可用 $a$、$b$ 表達 $P(a, b)$。」

我：「嗯，我懂了。已經能夠對應式子和圖形了：

$$P(3, 2) = \frac{1}{2^4}\left( 1P(-1, 2) + 4P(0, 1) + 6P(1, 0) + 4P(2, -1) + 1P(3, -2) \right)$$

剩下只要能夠用 $a$ 和 $b$，表示 A 獲勝的部分就行了。首先，
$P(-1, 2)$、$P(0, 1)$、$P(1, 0)$、$P(2, -1)$、$P(3, -2)$ 的部分，使
用文字 $k$ 代入 0、1、2、3、4 來討論，記為

$$P(k - 2 + 1, 2 - k)$$

這裡出現的 2 相當於 $P(3, 2)$ 的 2，所以套用至 $P(a, b)$，記為

$$P(k - b + 1, b - k)$$

這樣就能用 Σ 表達 $P(a, b)$。」

$$P(3, 2) = \frac{1}{2^{3+2-1}} \sum_{k=0}^{3+2-1} \binom{3 + 2 - 1}{k} P(k - 2 + 1, 2 - k)$$

$$P(a, b) = \frac{1}{2^{a+b-1}} \sum_{k=0}^{a+b-1} \binom{a + b - 1}{k} P(k - b + 1, b - k)$$

米爾迦：「出現了許多 $a+b-1$。」

蒂蒂：「真的耶！這的確是重要的式子。」

我：「是的。那麼，這邊就假設成 $n=a+b-1$ 來統整吧。

$$P(a,b) = \frac{1}{2^n} \sum_{k=0}^{n} \binom{n}{k} P(k-b+1, b-k)$$

$n$ 是確定分出勝負時的硬幣投擲次數。」

蒂蒂：「啊……這該不會已經解出來了？啊，還沒有，右邊還留有 P。」

我：「不，右邊殘留的 $P(k-b+1, b-k)$ 全部為 0 或者 1 喔。因為 $k-b+1$ 和 $b-k$ 其中一個必定小於等於 0。」

蒂蒂：「為什麼能夠這樣說呢……？」

我：「因為兩者相加等於 1

$$(k-b+1) + (b-k) = 1$$

不會發生 $k-b+1$ 和 $b-k$ 皆大於等於 1，也不會遇到兩者皆小於等於 0 的情況。」

米爾迦：「使用座標平面討論就行了，點 $(x,y)=(k-b+1, b-k)$ 落在直線 $x+y=1$ 上。」

蒂蒂：「啊，說的也是。」

我：「然後，A 獲勝是在滿足 $x=k-b+1 \leqq 0$，也就是 $k \leqq b-1$

的時候。這樣就解出來了！」

$$P(a, b) = \frac{1}{2^n} \sum_{k=0}^{b-1} \binom{n}{k}$$

蒂蒂：「B 獲勝是在 $b - k \leqq 0$，也就是 $b \leqq k$ 的時候，獲勝機率會是

$$Q(a, b) = \frac{1}{2^n} \sum_{k=b}^{n} \binom{n}{k}$$

！」

---

**解答 5-2**（一般化「未分勝負的比賽」）

$$P(a, b) = \frac{1}{2^n} \sum_{k=0}^{b-1} \binom{n}{k}$$

$$Q(a, b) = \frac{1}{2^n} \sum_{k=b}^{n} \binom{n}{k}$$

其中，$n = a + b - 1$。

---

米爾迦：「嗯，這樣就告一個段落了。」

蒂蒂：「成功表示一般化『未分勝負的比賽』的機率了！接下來要討論什麼？」

　　　　　　　　「正因為未知，才有邁向未來的意義。」

## 補充

　　本書第 5 章解答 5-2（p.245）中，二項式係數下標的部分和通常無法用封閉式表示。相關細節請翻閱參考文獻[13]《コンピュータの数學 第 2 版》（p.163 及 p.209）。

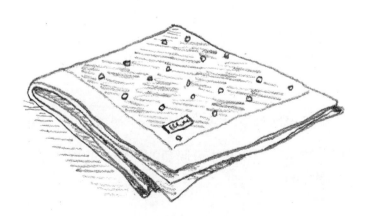

# 附錄：階乘、排列、組合、二項式係數

## 階乘

對於 0 以上的整數 $n$，$n!$ 定義為下式：

$$n! = \begin{cases} n \times (n-1) \times \cdots \times 1 & n \geq 1 \quad \text{的時候} \\ 1 & n = 0 \quad \text{的時候} \end{cases}$$

$n!$ 讀作「$n$ 的**階乘**」。例如，5 的階乘 5!是

$$5! = 5 \times 4 \times 3 \times 2 \times 1 = 120$$

## 排列

從相異 $n$ 個事物中,選取 $k$ 個排成一列,稱為「從 $n$ 個取 $k$ 個的排列」。

例如,從 5 個數字 1、2、3、4、5 選取 3 個排列,討論共有幾種情況。

- 第 1 個數字有 <u>5</u> 種選擇
- 然後,第 2 個數字有 <u>4</u> 種選擇
- 再接著,第 3 個數字有 <u>3</u> 種選擇

所以,

$$5 \times 4 \times 3 = 60$$

可知從 5 個中選 3 個的排列共有 60 種情況。
這邊試著列出所有的情況吧。

| 123 | 124 | 125 | 134 | 135 | 145 | 234 | 235 | 245 | 345 |
|-----|-----|-----|-----|-----|-----|-----|-----|-----|-----|
| 132 | 142 | 152 | 143 | 153 | 154 | 243 | 253 | 254 | 354 |
| 213 | 214 | 215 | 314 | 315 | 415 | 324 | 325 | 425 | 435 |
| 231 | 241 | 251 | 341 | 351 | 451 | 342 | 352 | 452 | 453 |
| 312 | 412 | 512 | 413 | 513 | 514 | 423 | 523 | 524 | 534 |
| 321 | 421 | 521 | 431 | 531 | 541 | 432 | 532 | 542 | 543 |

一般來說,從 $n$ 個選 $k$ 個的排列數,可由下式求得[*7]:

$$n \times (n-1) \times \cdots \times (n-k+1) = \frac{n!}{(n-k)!}$$

---

[*7] 從 $n$ 個取 $k$ 個的排列數,也可記為 $_nP_k$。$_5P_3 = 60$。

其中，$n=k$ 的時候，從 $n$ 個取 $n$ 個的排列數會是

$$n!$$

這相當於「交替 $n$ 個事物的排列數」。

## 組合

從相異 $n$ 個事物中，<u>不需顧慮順序地</u>選 $k$ 個排列，稱為「從 $n$ 個選 $k$ 個的組合」。

從 5 個數字 1、2、3、4、5 選 3 個的組合，如下有 10 種情況：

| 123 | 124 | 125 | 134 | 135 | 145 | 234 | 235 | 245 | 345 |

其中，從 5 個選 3 個的<u>組合</u>和<u>排列</u>，兩者的關係如下表所示：

從 5 個選 3 個數字的組合

| | 123 | 124 | 125 | 134 | 135 | 145 | 234 | 235 | 245 | 345 |
|---|---|---|---|---|---|---|---|---|---|---|
| abc | 123 | 124 | 125 | 134 | 135 | 145 | 234 | 235 | 245 | 345 |
| acb | 132 | 142 | 152 | 143 | 153 | 154 | 243 | 253 | 254 | 354 |
| bac | 213 | 214 | 215 | 314 | 315 | 415 | 324 | 325 | 425 | 435 |
| bca | 231 | 241 | 251 | 341 | 351 | 451 | 342 | 352 | 452 | 453 |
| cab | 312 | 412 | 512 | 413 | 513 | 514 | 423 | 523 | 524 | 534 |
| cba | 321 | 421 | 521 | 431 | 531 | 541 | 432 | 532 | 542 | 543 |

交替 3 個數字的排列

假設組合從 5 個選出 3 個數字為 a、b、c，交替 3 個數字可作出從 5 個選 3 個數字的排列，所以

$$\boxed{\begin{array}{c}\text{從 5 個選}\\\text{3 個數字的}\\\text{組合數}\\(10)\end{array}} \times \boxed{\begin{array}{c}\text{從 3 個選}\\\text{3 個數字的}\\\text{排列數}\\(6)\end{array}} = \boxed{\begin{array}{c}\text{從 5 個選}\\\text{3 個數字的}\\\text{排列數}\\(60)\end{array}}$$

因此，從 5 個選 3 個的組合數會是

$$\frac{\text{從 5 個選 3 個的排列數}}{\text{從 3 個選 3 個的排列數}} = \frac{5 \times 4 \times 3}{3 \times 2 \times 1} = \frac{60}{6} = 10$$

一般來說，從 n 個選 k 個的組合數，可由下式求得[*8]：

$$\frac{n \times (n-1) \times \cdots \times (n-k+1)}{k \times (k-1) \times \cdots \times \quad 1} = \frac{n!}{k!\,(n-k)!}$$

---

[*8] 從 $n$ 個選 $k$ 個的組合數，也可記為 $_nC_k$。

## 二項式係數

對於 0 以上的整數 $n$、$k$，二項式係數 $\binom{n}{k}$ 定義為

$$\binom{n}{k} = \begin{cases} \dfrac{n!}{k!\,(n-k)!} & n \geqq k \text{ 的時候} \\[2mm] 0 & n < k \text{ 的時候} \end{cases}$$

例如，二項式係數 $\binom{5}{3}$ 會是

$$\binom{5}{3} = \frac{5!}{3!\,(5-3)!} = \frac{5 \times 4 \times 3 \times 2 \times 1}{(3 \times 2 \times 1)(2 \times 1)} = \frac{5 \times 4 \times 3}{3 \times 2 \times 1} = 10$$

等於從 5 個選 3 個的組合數。

較小 $n$ 和 $k$ 的二項式係數 $\binom{n}{k}$，如下表所示：

| $n$ | $\binom{n}{0}$ | $\binom{n}{1}$ | $\binom{n}{2}$ | $\binom{n}{3}$ | $\binom{n}{4}$ | $\binom{n}{5}$ | $\binom{n}{6}$ |
|---|---|---|---|---|---|---|---|
| 0 | 1 | 0 | 0 | 0 | 0 | 0 | 0 |
| 1 | 1 | 1 | 0 | 0 | 0 | 0 | 0 |
| 2 | 1 | 2 | 1 | 0 | 0 | 0 | 0 |
| 3 | 1 | 3 | 3 | 1 | 0 | 0 | 0 |
| 4 | 1 | 4 | 6 | 4 | 1 | 0 | 0 |
| 5 | 1 | 5 | 10 | 10 | 5 | 1 | 0. |
| 6 | 1 | 6 | 15 | 20 | 15 | 6 | 1 |

此表格中出現了巴斯卡三角形。

# 附錄：期望值

## 機率的加權平均

　　充分洗牌標示號碼①或者②的卡牌，討論從中抽出 1 張的試驗。根據抽出的卡牌號碼，獲得的**獎金**如下所示：

- 抽出卡牌①可獲得獎金 $x_1$ 元
- 抽出卡牌②可獲得獎金 $x_2$ 元

各張卡牌的抽出機率如下：

- 抽出卡牌①的機率為 $p_1$
- 抽出卡牌②的機率為 $p_2$

此時，獎金分別乘上機率再相加起來的數值，亦即

$$x_1 p_1 + x_2 p_2$$

　　會是取得獎金的**機率加權平均**，可當作是獲得獎金的平均值。

## 期望值

　　將上面的內容一般化。

　　「抽出卡牌獲得獎金」等由試驗的結果決定數值，一般稱為**隨機變數**。

　　假設某試驗的隨機變數為 $X$，其數值是進行 1 次試驗時，$n$ 為數值 $x_1, x_2, \cdots, x_n$ 其中之一，各數值的出現機率如下：

- 數值 $x_1$ 的出現機率為 $p_1$
- 數值 $x_2$ 的出現機率為 $p_2$
- ......
- 數值 $x_n$ 的出現機率為 $p_n$

此時，數值分別乘上機率再相加起來的數值，亦即

$$x_1p_1 + x_2p_2 + \cdots + x_np_n$$

稱為隨機變數 $X$ 的**期望值**。隨機變數 $X$ 的期望值記為

$$E[X]$$

換言之，

$$E[X] = x_1p_1 + x_2p_2 + \cdots + x_np_n$$

隨機變數 $X$ 的期望值是各數值的**機率加權平均**，可當作隨機變數 $X$ 的<u>平均值</u>。隨機變數 $X$ 的期望值，也可用 $\Sigma$ 如下表示：

$$E[X] = \sum_{k=1}^{n} x_kp_k$$

另外，若將隨機變數 $X$ 為數值 $x_k$ 的機率記為 $Pr(X=x_k)$，則隨機變數 $X$ 的期望值也可如下表示：

$$E[X] = \sum_{k=1}^{n} x_k \Pr(X = x_k)$$

## 「未分勝負的比賽」與期望值

在第 5 章「未分勝負的比賽」中，討論了比賽中斷時如何分配獎金的方法。根據「獲勝機率分配獎金」（p.198），正是將獎金視為隨機變數，再以期望值進行分配。

假設比賽進行到最後 A 取得的獎金為隨機變數 X，根據獲勝者取得所有獎金的規則，隨機變數 X 的可能數值如下：

- A 獲勝的時候，$x_1$ = 獎金全額
- A 敗北的時候，$x_2$ = 0

另外，各情況發生的機率如下：

- 隨機變數 X 為 $x_1$ 的機率是 $Pr(A)$（A 獲勝的機率）
- 隨機變數 X 為 $x_2$ 的機率是 $Pr(B)$（B 獲勝的機率）

此時，根據定義，隨機變數 × 的期望值 $E[X]$ 會是

$$E[X] = x_1 \Pr(A) + x_2 \Pr(B)$$

因為 $x_1$ = 獎金全額、$x_2$ = 0，所以

$$E[X] = 獎金全額 \times Pr(A)$$

這正是 p.198 的「根據獲勝機率分配的方法」。

## 賭博與期望值

將賭博視為試驗,假設獲得的獎金為隨機變數 $X$,已知獲得的具體獎金為 $x_1, x_2, \cdots, x_n$;出現機率分別為 $p_1, p_2, \cdots, p_n$。此時,隨機變數 $X$ 的期望值是

$$E[X] = x_1 p_1 + x_2 p_2 + \cdots + x_n p_n$$

這可當作該賭博能夠獲得的平均獎金。

假定參加賭博 1 次需要花費的費用為 $C$,由須要支付 $C$ 以獲得平均的 $E[X]$,可知參加者每次的平均獲利會是

$$E[X] - C$$

## 第 5 章的問題

●問題 5-1（二項式係數）

已知展開 $(x+y)^n$ 後，$x^k y^{n-k}$ 的係數等於二項式係數 $\binom{n}{k}$ （$k=0,1,2,\cdots,n$）。試由較小的 n 實際計算來確認。

① $(x+y)^1 =$

② $(x+y)^2 =$

③ $(x+y)^3 =$

④ $(x+y)^4 =$

（解答在 p.325）

●問題 5-2（投擲硬幣的次數）

在前面對話中的「未分勝負的比賽」，已知 A 剩餘 $a$ 分、B 剩餘 $b$ 分獲勝。試問從該情況到確定獲勝者，尚須要投擲幾次硬幣？假設投擲硬幣的次數最少需要 $m$ 次、最多需要 $M$ 次，試以 $a$、$b$ 表示 $m$ 和 $M$。

其中，$a$ 和 $b$ 皆為 1 以上的整數。

（解答在 p.329）

# 終章

## 抽籤

　　某天，某時，在數學資料室。

少女：「老師，這是什麼？」

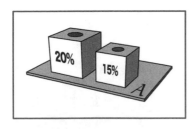 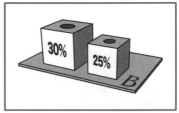

老師：「妳覺得是什麼？」

少女：「並排寫有百分比的箱子。」

老師：「這是抽籤筒。兩個基台 A、B 各放置一大一小的兩個
　　　　抽籤筒，四個抽籤筒皆不曉得其中放入多少張籤條，但有
　　　　分別標示抽出 1 張的中獎機率。」

中獎的機率

|  | 大箱 | 小箱 |
|---|---|---|
| 基台 A | 20％ | 15％ |
| 基台 B | 30％ | 25％ |

少女：「兩個基台都是大箱比較容易中獎。」

$$20\% > 15\% \qquad 30\% > 25\%$$

**基台 A**　　　　　**基台 B**

老師：「沒錯。然而，由於兩個基台占用太多空間，於是之後決定將 A、B 兩者的籤條如圖整合為一個基台 C。」

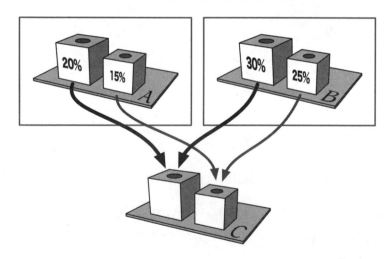

少女：「兩大箱整合為一大箱，兩小箱整合為一小箱嘛。」

老師：「是的。雖然不曉得整合後的機率，但整合為基台 C 後，大箱中獎的機率還會比較高嗎？」

少女：「當然啊。兩個基台都是大箱比較容易中獎嘛。」

老師：「機率難就難在這個地方喔。」

少女：「這個地方……是指哪個地方？」

老師：「違背直覺，難以得到正確答案的這個地方。」

少女：「正確答案……老師還沒有出問題哦。」

老師：「『整合為基台 C 後，大箱中獎的機率比較高嗎？』——這就是問題。」

少女：「……？」

老師：「整合為基台 C 後，可能會有大箱中獎的機率降低的情況喔。」

少女：「老師，不可能會有這樣的情況哦。基台 A、基台 B 都是大箱的中獎機率比較高，也就是中獎的籤條比例較高。兩比例較高的事物統整後，會有比例反轉變低的情況嗎？」

老師：「試著舉出反轉的具體例子吧。現在假設全部張數如表格所示，基台 A 和 B 的兩大箱、兩小箱，整合成基台 C 的大小箱。

全部張數

|  | 大箱 | 小箱 |
|---|---|---|
| 基台 A | 1000 張 | 1000 張 |
| 基台 B | 250 張 | 4000 張 |
| 基台 C | 1250 張 | 5000 張 |

少女：「……我來計算中獎的張數。」

中獎的張數

|  | 大箱 | 小箱 |
|---|---|---|
| 基台 A | $1000 \times 20\% = 200$ 張 | $1000 \times 15\% = 150$ 張 |
| 基台 B | $250 \times 30\% = 75$ 張 | $4000 \times 25\% = 1000$ 張 |
| 基台 C | $200 + 75 = 275$ 張 | $150 + 1000 = 1150$ 張 |

老師：「這樣就能夠計算整合後的機率。」

少女：「對啊。下面來計算基台 C 的中獎機率。

基台 C 的大箱（1250 張中有 275 張中獎籤）

$$\frac{275}{1250} = 0.22 = \underline{22\%}$$

基台 C 的小箱（5000 張中有 1150 張中獎籤）

$$\frac{1150}{5000} = 0.23 = \underline{23\%}$$

真的，小箱的中獎機率比較高耶！」

中獎機率

| | 大箱 | 小箱 |
|---|---|---|
| 基台 A | $\dfrac{200\ 張}{1000\ 張} = 20\%$ | $\dfrac{150\ 張}{1000\ 張} = 15\%$ |
| 基台 B | $\dfrac{75\ 張}{250\ 張} = 30\%$ | $\dfrac{1000\ 張}{4000\ 張} = 25\%$ |
| 基台 C | $\dfrac{275\ 張}{1250\ 張} = 22\%$ | $\dfrac{1150\ 張}{5000\ 張} = 23\%$ |

老師：「結果令人意外吧。所以，遇到百分比的時候，務必、務必、務必！要想想

『以什麼為整體？』

。」

少女：「可是，老師，這個例子並不知道以什麼為整體啊。」

老師：「是的。這個例子只知道各箱的百分比，並不曉得箱中裝有多少張籤條。換言之，整體會因箱子而異，統整後可能發生意料之外的事情。我們必須確認的不是百分比，而是張數等『具體數值』。」

少女：「但我們通常不會將抽籤整合起來吧。」

老師：「那麼，這樣的表格如何？將某資格考試的合格率，按

照學校、男女性別彙整成表格。雖然這僅是虛構的例子，但妳會怎麼討論這種表格？」

### 資格考試的合格率（按照學校區別）

|  | 男性 | 女性 |
|---|---|---|
| 學校 A | 20％ | 15％ |
| 學校 B | 30％ | 25％ |

少女：「學校 A、學校 B 都是男性合格率比較高……這個百分比不是跟剛才的抽籤一樣嘛，老師。」

老師：「是的。換言之，籤條的張數能夠改成人數，將大箱換成男性、小箱換成女性、中獎籤換成合格。」

少女：「配合前面的抽籤，接著要整合學校 A 和 B？」

老師：「沒錯。假如人數跟籤條的張數一樣多，經由跟整合籤條時相同的計算，能夠列出這樣的表格。」

### 資格考試的合格率（合計）

|  | 男性 | 女性 |
|---|---|---|
| 合格率 | 22％ | 23％ |

少女：「合計後，反轉成女性的合格率比較高！」

老師：「在現實生活中，或許不會整合抽籤，但有可能遇到這樣的表格。即便以完全相同的資料計算，根據是按照學校區別還是統整起來計算，比例的大小有時會發生反轉的情況。明明資料及計算都沒有錯誤，呈現出來的印象卻大不

相同。」

少女：「這樣該怎麼辦？遇到百分比時，只要注意『以什麼為整體』就好了嗎？」

老師：「是的。另外，遇到百分比時，也要討論『實際的數

值』。看到合格率時，也要調查合格數。記得小心注意這些細節。」

## 撲克牌

少女：「老師，這邊的撲克牌也是要出的問題嗎？」

| ♠A | ♠2 | ♠3 | ♠4 | ♠5 | ♠6 | ♠7 | ♠8 | ♠9 | ♠10 | ♠J | ♠Q | ♠K |
|----|----|----|----|----|----|----|----|----|-----|----|----|----|
| ♡A | ♡2 | ♡3 | ♡4 | ♡5 | ♡6 | ♡7 | ♡8 | ♡9 | ♡10 | ♡J | ♡Q | ♡K |
| ♣A | ♣2 | ♣3 | ♣4 | ♣5 | ♣6 | ♣7 | ♣8 | ♣9 | ♣10 | ♣J | ♣Q | ♣K |
| ◇A | ◇2 | ◇3 | ◇4 | ◇5 | ◇6 | ◇7 | ◇8 | ◇9 | ◇10 | ◇J | ◇Q | ◇K |

排除鬼牌的 52 張撲克牌

老師：「排除鬼牌的 52 張撲克牌，充分洗牌後堆疊起來，再從中抽出 1 張牌。例如抽出♡Q，

> ♡Q

記下抽出的牌。」

少女：「好的。」

老師：「記下抽出的牌後放回，將 52 張牌充分洗牌堆疊起來，再從中抽出 1 張牌。例如抽出♣2，記下抽出的牌：

> ♡Q　♣2

像這樣抽出並記下牌，反覆操作 10 次。」

少女：「好的。反覆操作 10 次。」

老師：「在這 10 次中，會重複出現相同的牌嗎？」

少女：「重複出現……像是第 3 次和第 7 次都抽出♠A 嗎？」

**第 3 次和第 7 次出重複出現♠A 的例子**

老師：「是的，當然也有可能都沒有重複出現。」

**沒有重複出現相同牌的例子**

少女：「出現 3 次以上的情況，也算是重複出現嗎？」

**第 3 次、第 7 次和第 10 次重複出現♠A 的例子**

老師：「是的。」

少女：「撲克牌全部共有 52 張，只反覆操作 10 次，應該很難
　　　重複出現吧。如果反覆操作 20 次，感覺就會重複出現。」

老師：「試著計算重複出現的機率吧。」

少女：「所有的情況數有 $52^{10}$ 種，重複出現的情況數⋯⋯不要一下子就處理 10 次，『從小的數討論』比較好。」

老師：「原來如此。」

少女：「例如，先討論 3 次——

- 第 1 次抽出什麼都不會重複出現。
- 若第 2 次抽出跟第 1 次相同牌，就是重複出現。
- 若第 3 次抽出跟第 1 次或者第 2 次相同牌⋯⋯

老師，這問題非常複雜耶，也有可能發生跟第 1、2 次相同的情況。」

老師：「是的。」

少女：「第 1 次沒有任何限制。第 2 次跟第 1 次相同，就是重複出現；若不同，就不是重複出現。到這邊為止還算簡單，但第 3 次就沒有那麼單純了，需要區分情況討論，非常複雜！」

老師：「⋯⋯」

少女：「第 1 次是 52 種皆不是重複出現，第 2 次跟第 1 次相同的 1 種是重複出現，跟第 1 次不同的 51 種不是重複出現⋯⋯我懂了！要計算非重複出現的情況！」

老師：「喔喔！」

少女：「只要知道『非重複出現的機率』，就能夠推得『重複

出現的機率』！」

老師：「不錯，有聯想到餘事件。」

少女：「討論每次抽出牌，連續出現跟前面皆不同的情況數。」

- 第 1 次無論抽出哪張牌，
  非重複出現的情況都是 52 種。
- 第 2 次抽出跟第 1 次不同的牌時，
  非重複出現的情況有 51 種。
- 第 3 次抽出跟第 1、2 次不同的牌時，
  非重複出現的情況有 50 種。
- 第 4 次抽出跟前 3 次不同的牌時，
  非重複出現的情況有 49 種。
- 第 5 次抽出跟前 4 次不同的牌時，
  非重複出現的情況有 48 種。
- 第 6 次抽出跟前 5 次不同的牌時，
  非重複出現的情況有 47 種。
- 第 7 次抽出跟前 6 次不同的牌時，
  非重複出現的情況有 46 種。
- 第 8 次抽出跟前 7 次不同的牌時，
  非重複出現的情況有 45 種。
- 第 9 次抽出跟前 8 次不同的牌時，
  非重複出現的情況有 44 種。
- 第 10 次抽出跟前 9 次不同的牌時，
  非重複出現的情況有 43 種。

少女：「所以，非重複出現的情況數有

$$52 \times 51 \times 50 \times 49 \times 48 \times 47 \times 46 \times 45 \times 44 \times 43$$

10 個

非重複出現的機率是

$$\frac{52 \times 51 \times 50 \times 49 \times 48 \times 47 \times 46 \times 45 \times 44 \times 43}{52 \times 52 \times 52 \times 52 \times 52 \times 52 \times 52 \times 52 \times 52 \times 52}$$
$$= \frac{57407703889536000}{144555105949057024}$$
$$= 0.39713 \cdots$$

因此，重複出現的機率是

$$1 - 0.39713 \cdots = 0.60287 \cdots$$

重複出現的機率約為 60 ％！？」

老師：「嚇到了吧。」

少女：「嚇到我了⋯⋯！」

老師：「若是反覆 20 次，機率會變成約 99 ％喔。下面是反覆 $n$ 次時，重複出現的機率 $P(n)$。」

$$P(n) = 1 - \frac{52}{52} \cdot \frac{51}{52} \cdot \frac{50}{52} \cdots \frac{53-n}{52}$$

$$= 1 - \prod_{k=1}^{n} \frac{53-k}{52}$$

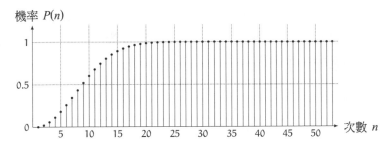

反覆 $n$ 次時重複出現卡牌的機率 $P(n)$

少女：「機率會像這樣急遽增加？」

老師：「反覆 53 次的重複出現機率正好為 1，當然超過 53 次後的機率也為 1。」

少女：「這是**鴿巢原理**！」

- 若 52 個鴿巢住有 53 隻鴿子，
  則至少有 1 個鴿巢住有 2 隻鴿子。
- 若 52 張牌抽出 53 次，
  則至少有 1 張牌抽出 2 次。

老師：「沒錯。生日也可做類似的計算，以一年 366 天代替撲克牌的 52 張牌。雖然算進了閏年，但在哪天出生的機率相等。假設隨機選取的 $n$ 人團體中，生日重複的機率為 $Q(n)$，

則

$$Q(n) = 1 - \frac{366}{366} \cdot \frac{365}{366} \cdot \frac{364}{366} \cdots \frac{367-n}{366}$$
$$= 1 - \prod_{k=1}^{n} \frac{367-k}{366}$$

由此可知，23 人團體中，生日重複的機率超過 50 ％；50 人團體中，生日重複的機率約為 97 ％。」

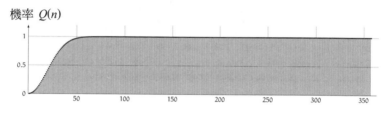

$n$ 人團體中生日重複的機率 $Q(n)$

少女：「嚇到我了！」

老師：「嚇到了吧。這被稱為生日悖論（birthday paradox）。」

少女：「生日悖論就是，鴿巢意外地很快就住滿的悖論，或者也可以說是『機率的鴿巢原理』嘛！」

少女說完後，噗嗤一笑。

# 【解答】

A    N    S    W    E    R    S

## 第 1 章的解答

●問題 1-1（投擲硬幣 2 次）

投擲公正的硬幣 2 次時，會發生下述 3 種情況之一：

⓪ 擲出「正面」0 次。
① 擲出「正面」1 次。
② 擲出「正面」2 次。

因此，⓪、①、② 發生的機率皆為 $\frac{1}{3}$。

請指出說明錯誤的地方，並求出正確的機率。

■解答 1-1

投擲公正的硬幣 2 次時，「會發生 ⓪、①、② 等 3 種情況之一」是正確的主張。

然而，由此無法導出「⓪、①、② 發生的機率皆為 $\frac{1}{3}$」的結論。因為「⓪、①、② 同樣容易發生」的假定不成立。

我們可遵循定義（p.12）求得機率。

投擲公正的硬幣 2 次時，可能發生的情況如下：

- 擲出「反反」（第 1 次擲出反面、第 2 次擲出反面）。
- 擲出「反正」（第 1 次擲出反面、第 2 次擲出正面）。
- 擲出「正反」（第 1 次擲出正面、第 2 次擲出反面）。
- 擲出「正正」（第 1 次擲出正面、第 2 次擲出正面）。

此時，因為

- 結果為 4 種情況之一。
- 4 種情況中，僅會發生其中 1 種。
- 4 種情況同樣容易發生。

所以，「反反」「反正」「正反」「正正」的擲出機率皆為 $\frac{1}{4}$。

然後，⓪、①、② 發生的正確機率是

⓪ 擲出「正面」0 次的情況，僅有四種中的「反反」，可知機率為 $\frac{1}{4}$。

① 擲出「正面」1 次的情況，有四種中的「反正」「正反」，可知機率為 $\frac{2}{4}=\frac{1}{2}$。

② 擲出「正面」2 次的情況，僅有四種中的「正正」，可知機率為 $\frac{1}{4}$。

●問題 1-2（投擲骰子）

投擲公正的骰子 1 次，請分別求出下述 ⓐ～ⓔ 的機率：

ⓐ 擲出 ⚂ 的機率

ⓑ 擲出偶數點的機率

ⓒ 擲出偶數或者 3 的倍數點的機率

ⓓ 擲出大於 ⚅ 的機率

ⓔ 擲出小於等於 ⚅ 的機率

■解答 1-2

我們可遵循定義（p.12）求得機率。

投擲公正的骰子 1 次時，可能出現 6 種情況：

$$⚀, ⚁, ⚂, ⚃, ⚄, ⚅$$

然後，

• 結果為 6 種情況之一。

• 6 種情況中，僅會發生其中 1 種。

• 6 種情況同樣容易發生。

因此，只要計算ⓐ ～ⓔ的情況數，就能夠分別求得機率。

ⓐ 6 種情況中，擲出 ⚂ 的情況有 1 種，可知擲出 ⚂ 的機率為 $\frac{1}{6}$。

ⓑ 6 種情況中，擲出偶數點的情況有 ⚁、⚃、⚅ 3 種，可知擲出偶數點的機率為 $\frac{3}{6} = \frac{1}{2}$。

ⓒ 6 種情況中，擲出偶數或者 3 的倍數點的情況有 ⚁、⚂、⚃、⚅ 4 種，可知擲出偶數或者 3 的倍數點的機率為 $\frac{4}{6}=\frac{2}{3}$。

ⓓ 6 種情況中，擲出大於 ⚅ 的情況有 0 種，可知擲出大於 ⚅ 的機率為 $\frac{0}{6}=0$。

ⓔ 6 種情況中，擲出小於等於 ⚅ 的情況有 ⚀、⚁、⚂、⚃、⚄、⚅ 6 種，可知擲出小於等於 ⚅ 的機率為 $\frac{6}{6}=1$。

答：ⓐ $\frac{1}{6}$、ⓑ $\frac{1}{2}$、ⓒ $\frac{2}{3}$、ⓓ 0、ⓔ 1

---

●問題 1-3（比較機率）

投擲公正的硬幣 5 次，假設機率 p 和 q 分別為

p ＝結果為「正正正正正」的機率
q ＝結果為「反正正正反」的機率

請試著比較 p 和 q 的大小。

---

■解答 1-3

　　投擲硬幣 5 次時，可能發生的情況共有 $2\times2\times2\times2\times2=2^5=32$ 種。

反反反反反　　反正反反反　　正反反反反　　正正反反反

反反反反正　　反正反反正　　正反反反正　　正正反反正

反反反正反　　反正反正反　　正反反正反　　正正反正反

反反反正正　　反正反正正　　正反反正正　　正正反正正

反反正反反　　反正正反反　　正反正反反　　正正正反反

反反正反正　　反正正反正　　正反正反正　　正正正反正

反反正正反　　**反正正正反**　　正反正正反　　正正正正反

反反正正正　　反正正正正　　正反正正正　　**正正正正正**

然後，

- 結果為 32 種情況之一。
- 32 種情況中，僅會發生其中 1 種。
- 32 種情況同樣容易發生。

因為發生「正正正正正」是 32 種中的 1 種；「反正正正反」是 32 種中的 1 種，所以

$$p = 結果為「正正正正正」的機率 = \frac{1}{32}$$

$$q = 結果為「反正正正反」的機率 = \frac{1}{32}$$

因此，可知

$$p = q$$

答：$p = q$（$p$ 和 $q$ 相等）

●問題 1-4（擲出正面 2 次的機率）

投擲公正的硬幣 5 次，試求剛好擲出正面 2 次的機率。

■解答 1-4

投擲硬幣 5 次時，可能發生的情況共有 $2 \times 2 \times 2 \times 2 \times 2$ $= 2^5 = 32$ 種。

| | | | |
|---|---|---|---|
| 反反反反反 | 反正反反反 | 正反反反反 | **正正反反反** |
| 反反反反正 | **反正反反正** | **正反反反正** | 正正反反正 |
| 反反反正反 | **反正反正反** | **正反反正反** | 正正反正反 |
| **反反反正正** | 反正反正正 | 正反反正正 | 正正反正正 |
| 反反正反反 | **反正正反反** | **正反正反反** | 正正正反反 |
| **反反正反正** | 反正正反正 | 正反正反正 | 正正正反正 |
| **反反正正反** | 反正正正反 | 正反正正反 | 正正正正反 |
| 反反正正正 | 反正正正正 | 正反正正正 | 正正正正正 |

然後，

• 結果為 32 種情況之一。
• 32 種情況中，僅會發生其中 1 種。
• 32 種情況同樣容易發生。

因為擲出正面 2 次的情況為粗體字的 10 種，所以欲求機率為

$$\frac{10}{32} = \frac{5}{16}$$

答：$\frac{5}{16}$（或者 0.3125）

**另解 1**

即便不列舉所有可能發生的情況，只要計算情況數就能夠求得機率。

在投擲公正硬幣 5 次的過程中，討論第 1～5 次哪幾次擲出正面。在第 1～5 次等 5 次中，擲出一次正面後，剩餘 4 次要再擲出一次正面，所以情況數有 5×4＝20。但是，「第 2 次和第 5 次」和「第 5 次和第 2 次」等重複計算了 2 次，20 須要再除以 2，所以會得到 10 種情況數。

因此，32 種情況中，擲出正面 2 次的有 10 種，欲求機率為

$$\frac{10}{32} = \frac{5}{16}$$

答：$\frac{5}{16}$（或者 0.3125）

**另解 2**

求投擲公正的硬幣 5 次中，擲出正面 2 次的情況數。這相當於從 5 處選 2 處的組合數，所以

$$從 5 處選 2 處的組合數 = \binom{5}{2}（等於 {}_5C_2）$$
$$= \frac{5 \times 4}{2 \times 1}$$
$$= 10$$

可知有 10 種情況。

因此，32 種情況中擲出正面 2 次的有 10 種，欲求機率為

$$\frac{10}{32} = \frac{5}{16}$$

答：$\dfrac{5}{16}$（或者 0.3125）

---

●問題 1-5（機率值的範圍）

假設某機率為 $p$，請使用機率的定義（p.12）證明下式成立：

$$0 \leqq p \leqq 1$$

---

■解答 1-5

證明

根據機率的定義（p.12），全部 $N$ 種中發生 $n$ 種之一的機率 $p$ 是

$$p = \frac{n}{N}$$

其中，$N$ 是「所有的情況數」；$n$ 是「關注的情況數」，滿足

$$0 \leqq n \leqq N$$

因為 $N>0$，所以 $0$、$n$、$N$ 分別除以 $N$ 不會改變不等號的方向。因此，

$$\frac{0}{N} \leqq \frac{n}{N} \leqq \frac{N}{N}$$

也就是

$$0 \leqq \frac{n}{N} \leqq 1$$

可知

$$0 \leqq p \leqq 1$$

（證明完畢）

## 第 2 章的解答

●問題 2-1（12 張撲克牌）

將 12 張人頭牌充分洗牌，然後從中抽出 1 張牌，試分別求出① ～⑤ 的機率。

12 張人頭牌

① 抽出♡Q 的機率。

② 抽出 J 或者 Q 的機率。

③ 不抽出♠的機率。

④ 抽出♠或者 K 的機率。

⑤ 抽出♡以外的 Q 的機率。

■解答 2-1

　　因為是將 12 張人頭牌充分洗牌後再抽出，所以假設各張牌同樣容易出現，使用情況數計算機率。

① 全部 12 種情況中，抽出♡Q 的僅有下述 1 種：

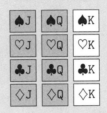

因此，抽出♡Q 的機率是 $\frac{1}{12}$。

② 全部 12 種情況中，抽出 J 或者 Q 的有下述 8 種：

因此，抽出 J 或者 Q 的機率是 $\frac{8}{12} = \frac{2}{3}$。另外，該機率會等於抽出 J 的機率 $\frac{1}{3}$，加上抽出 Q 的機率 $\frac{1}{3}$。

③ 全部 12 種情況中，不抽出♠的有下述 9 種：

因此，不抽出♠的機率是 $\frac{9}{12} = \frac{3}{4}$。另外，該機率等於 1 減

去抽出♠的機率 $\dfrac{1}{4}$。

④ 全部 12 種情況中，抽出♠或者 K 的有下述 6 種：

因此，抽出♠或者 K 的機率是 $\dfrac{6}{12}=\dfrac{1}{2}$。其中，須要注意別重複計算♠K。

⑤ 全部 12 種情況中，抽出♡以外的 Q 有下述 3 種：

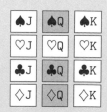

因此，抽出♡以外 Q 的機率是 $\dfrac{3}{12}=\dfrac{1}{4}$。

答：① $\dfrac{1}{12}$、② $\dfrac{2}{3}$、③ $\dfrac{3}{4}$、④ $\dfrac{1}{2}$、⑤ $\dfrac{1}{4}$

●問題 2-2（投擲 2 枚硬幣，且第 1 枚出現正面）
依序投擲 2 枚硬幣，已知第 1 枚出現正面，試求 2 枚皆為
正面的機率。

■解答 2-2

依序投擲 2 枚硬幣時，可能發生的情況共有 4 種：

$$\boxed{反反}\quad\boxed{反正}\quad\boxed{正反}\quad\boxed{正正}$$

而第 1 枚出現正面的有下述 2 種：

$$\boxed{正反}\quad\boxed{正正}$$

其中，2 枚皆為正面的僅有 1 種。因此，欲求機率是

$$\frac{\boxed{正正}}{\boxed{正反}\ \boxed{正正}}=\frac{1}{2}$$

答：$\frac{1}{2}$

**另解**

由於已知第 1 枚出現正面，2 枚皆為正面發生在第 2 枚出
現正面的時候，而投擲第 2 枚硬幣出現正面的機率為 $\frac{1}{2}$，所以
欲求機率是 $\frac{1}{2}$。

答：$\frac{1}{2}$

●問題 2-3（投擲 2 枚硬幣，至少出現 1 枚正面）
依序投擲 2 枚公正的硬幣，已知至少 1 枚出現正面，試求 2 枚皆為正面的機率。

■解答 2-3

依序投擲 2 枚硬幣時，可能發生的情況共有 4 種：

$$\boxed{反反}\quad \boxed{反正}\quad \boxed{正反}\quad \boxed{正正}$$

至少出現 1 枚正面的有下述 3 種：

$$\boxed{反正}\quad \boxed{正反}\quad \boxed{正正}$$

其中，2 枚皆為正面的僅有 1 種。因此，欲求機率是

$$\frac{\boxed{正正}}{\boxed{反正}\ \boxed{正反}\ \boxed{正正}}=\frac{1}{3}$$

$$答：\frac{1}{3}$$

補充

請注意問題 2-2 和問題 2-3 的機率不同。投擲 2 枚硬幣時的情況數有下述 4 種：

$$\boxed{反反}\quad\boxed{反正}\quad\boxed{正反}\quad\boxed{正正}$$

然後，根據題意給予的條件（提示）排除數種情況。

在問題 2-2 中，給予了第 1 枚出現正面的條件。因此，排除第 1 枚為反面的 2 種情況，「所有的情況」有下述 2 種：

$$\boxed{正反}\quad\boxed{正正}$$

在問題 2-3 中，給予了至少 1 枚出現正面的條件。因此，排除反反的情況，「所有的情況」有下述 3 種：

$$\boxed{反正}\quad\boxed{正反}\quad\boxed{正正}$$

在問題 2-2 和問題 2-3 中，「所有的情況」數目不同，機率也跟著不一樣。

---

●問題 2-4（抽出 2 張撲克牌）

從 12 張人頭牌中抽出 2 張牌時，試求 2 張皆為 Q 的機率。

① 從 12 張中抽出第 1 張，再從剩下的 11 張中抽出第 2 張的情況

② 從 12 張中抽出第 1 張，放回洗牌後再從 12 張中抽出第 2 張的情況

■解答 2-4

① 從 12 張中抽出 1 張，再從剩下的 11 張中抽出第 2 張，
其情況數共有

$$12 \times 11 = 132 \ \text{種}$$

2 張皆為 Q 發生在從全部 4 張 Q 中抽出第 1 張，再從剩餘
的 3 張 Q 抽出第 2 張的時候，所以情況數有

$$4 \times 3 = 12 \ \text{種}$$

因此，欲求機率是

$$\frac{4 \times 3}{12 \times 11} = \frac{12}{132} = \frac{1}{11}$$

$$答：\frac{1}{11}$$

② 從 12 張中抽出第 1 張，放回洗牌後再從 12 張中抽出第
2 張，其情況數共有

$$12 \times 12 = 144 \ \text{種}$$

2 張皆為 Q 發生在第 1 張和第 2 張皆從全部 4 張 Q 中抽出
的時候，所以情況數有

$$4 \times 4 = 16 \ \text{種}$$

因此，欲求機率是

$$\frac{4 \times 4}{12 \times 12} = \frac{16}{144} = \frac{1}{9}$$

答：$\dfrac{1}{9}$

**另解**

① 全部 12 張人頭牌中有 4 張 Q，所以第 1 張抽出 Q 的機率是

$$\frac{4}{12} = \frac{1}{3}$$

剩餘 11 張人頭牌中剩餘 3 張 Q，所以第 2 張抽出 Q 的機率是

$$\frac{3}{11}$$

因此，兩者皆發生的機率是

$$\frac{1}{3} \times \frac{3}{11} = \frac{1}{11}$$

答：$\dfrac{1}{11}$

② 全部 12 張人頭牌中有 4 張 Q，所以第 1 張抽出 Q 的機率是

$$\frac{4}{12} = \frac{1}{3}$$

由於放回第 1 張抽出的牌再抽出第 2 張，所以第 2 張抽出 Q 的機率同樣是

$$\frac{4}{12} = \frac{1}{3}$$

因此，兩者皆發生的機率是

$$\frac{1}{3} \times \frac{1}{3} = \frac{1}{9}$$

答：$\frac{1}{9}$

# 第 3 章的解答

●問題 3-1（投擲硬幣 2 次試驗的所有事件）

討論投擲硬幣 2 次的試驗時，全事件 u 可記為

$$u = \{\,正正，正反，反正，反反\,\}$$

集合 u 的子集合皆為該試驗的事件。例如，下述三個集合皆為該試驗的事件：

　{反反}、{正正，反反}、{正正、正反、反反}

試問該試驗全部共有幾個事件？請試著全部列舉出來。

■解答 3-1

　　該試驗的事件取決於，是否具有全事件中的 4 個要素（正正、正反、反正、反反）。因此，事件的數量共有 $2 \times 2 \times 2 \times 2 = 2^4 = 16$ 種。所有的事件如下所示：

{ 　　　　　　　　　　　　} 　空事件
{ 　　　　　　　　反反} 　基本事件
{ 　　　　反正　　　　} 　基本事件
{ 　　　　反正，反反}
{ 　　正反　　　　　　} 　基本事件
{ 　　正反，　　　反反}
{ 　　正反，反正　　　}
{ 　　正反，反正，反反}
{正正　　　　　　　　} 　基本事件
{正正，　　　反反　　}
{正正，　　　反正　　}
{正正，　　　反正，反反}
{正正，正反　　　　　}
{正正，正反，　　　反反}
{正正，正反，反正　　}
{正正，正反，反正，反反} 　全事件

## 補充

所有的事件取決於

- 要素是否具有反反？
- 要素是否具有反正？
- 要素是否具有正反？
- 要素是否具有正正？

若具有要素為 1、不具有要素為 2，則所有事件可如下對應「二進位的四位數」：

$$0000 \longleftrightarrow \{ \qquad\qquad\qquad\qquad \}$$
$$0001 \longleftrightarrow \{ \qquad\qquad\qquad\qquad 反反 \}$$
$$0010 \longleftrightarrow \{ \qquad\qquad 反正 \qquad\quad \}$$
$$0011 \longleftrightarrow \{ \qquad\qquad 反正，反反 \}$$
$$0100 \longleftrightarrow \{ \qquad 正反 \qquad\qquad \}$$
$$0101 \longleftrightarrow \{ \qquad 正反， \qquad 反反 \}$$
$$0110 \longleftrightarrow \{ \qquad 正反，反正 \qquad \}$$
$$0111 \longleftrightarrow \{ \qquad 正反，反正，反反 \}$$
$$1000 \longleftrightarrow \{ 正正 \qquad\qquad\qquad \}$$
$$1001 \longleftrightarrow \{ 正正， \qquad\qquad 反反 \}$$
$$1010 \longleftrightarrow \{ 正正， \qquad 反正 \qquad \}$$
$$1011 \longleftrightarrow \{ 正正， \qquad 反正，反反 \}$$
$$1100 \longleftrightarrow \{ 正正，正反 \qquad\qquad \}$$
$$1101 \longleftrightarrow \{ 正正，正反， \qquad 反反 \}$$
$$1110 \longleftrightarrow \{ 正正，正反，反正 \qquad \}$$
$$1111 \longleftrightarrow \{ 正正，正反，反正，反反 \}$$

其中，關於二進位的細節，請翻閱參考文獻[4]《數學女孩秘密筆記：位元與二元》。

●問題 3-2（投擲硬幣 $n$ 次試驗的所有事件）

討論投擲硬幣 $n$ 次的試驗。試問該試驗全部共有幾個事件？

■解答 3-2

在投擲硬幣 $n$ 次的試驗中，全事件的元素皆可如下表達成「$n$ 個正反的排列」：

$$\underbrace{正反反\cdots正反正}_{n\,個}$$

因此，全事件的元素數共有 $2^n$ 個（這也是基本事件的個數）。如同解答 3-1（p.292）的做法，

$$所有事件的個數 = 2^{全事件的元素數} = 2^{2^n}$$

答：$2^{2^n}$ 個

補充

在問題 3-2 的解答中，$n=2$ 時相當於問題 3-1 的情況。的確，$n=2$ 時，

$$2^{2^n} = 2^{2^2} = 2^4 = 16$$

跟問題 3-1 的答案一致。

●問題 3-3（互斥）

討論投擲骰子 2 次的試驗。請從下述①～⑥的事件組合中，舉出所有互斥的組合。其中，第 1 次投擲出現的點數為整數 $a$，第 2 次投擲出現的點數為整數 $b$。

① $a=1$ 的事件與 $a=6$ 的事件

② $a=b$ 的事件與 $a \neq b$ 的事件

③ $a \leq b$ 的事件與 $a \geq b$ 的事件

④ $a$ 為偶數的事件與 $b$ 為奇數的事件

⑤ $a$ 為偶數的事件與 $ab$ 為奇數的事件

⑥ $ab$ 為偶數的事件與 $ab$ 為奇數的事件

■解答 3-3

若不會同時發生，則兩事件互斥；若會同時發生，則兩事件不互斥。

① $a=1$ 的事件與 $a=6$ 的事件

互斥。第 1 次擲出的點數 $a$，不會發生既是 1 又是 6 的情況。

② $a=b$ 的事件與 $a \neq b$ 的事件

互斥。第 1 次和第 2 次擲出的點數，不會發生既相等又不相等的情況。

③ $a \leqq b$ 的事件與 $a \geqq b$ 的事件

不互斥。例如，$a = 1$、$b = 1$ 的時候，可以同時滿足 $a \leqq b$ 和 $a \geqq b$。

④ $a$ 為偶數的事件與 $b$ 為奇數的事件

不互斥。例如，$a = 2$、$b = 1$ 的時候，滿足 $a$ 為偶數且 $b$ 為奇數。

⑤ $a$ 為偶數的事件與 $ab$ 為奇數的事件

互斥。若 $a$ 為偶數，則 $a$ 和 $b$ 的乘積 $ab$ 也會是偶數，而不會是奇數。

⑥ $ab$ 為偶數的事件與 $ab$ 為奇數的事件

互斥。乘積 $ab$ 不會發生既為偶數又為奇數的情況。

答：①、②、⑤、⑥

## 補充

實際列舉兩個事件，若交集為空集合，則兩者互斥；若交集不為空集合，則兩者不互斥。下面以反白圖形描述事件：

①$a=1$ 的事件與 $a=6$ 的事件
互斥。

②$a=b$ 的事件與 $a≠b$ 的事件
互斥。

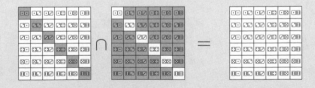

③ $a \leqq b$ 的事件與 $a \geqq b$ 的事件
不互斥。

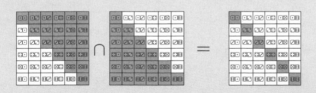

④ $a$ 為偶數的事件與 $b$ 為奇數的事件
不互斥。

⑤ $a$ 為偶數的事件與 $ab$ 為奇數的事件
互斥。

⑥ $ab$ 為偶數的事件與 $ab$ 為奇數的事件
互斥。

答：①、②、⑤、⑥

---

● 問題 3-4（互相獨立）

討論投擲公正骰子 1 次的試驗。假設擲出奇數點的事件為
A，擲出 3 的倍數點的事件為 B，試問兩事件 A 和 B 互相
獨立嗎？

---

■ 解答 3-4

根據獨立的定義，下式成立則互相獨立

$$\Pr(A \cap B) = \Pr(A)\Pr(B)$$

否則不互相獨立。

分別使用骰子的點數表示 A、B、$A \cap B$，

$$A = \{ \overset{1}{\boxdot}, \overset{3}{\boxdot}, \overset{5}{\boxdot} \} \quad \text{擲出奇數點的事件}$$

$$B = \{ \overset{3}{\boxdot}, \overset{6}{\boxdot} \} \quad \text{擲出 3 的倍數點的事件}$$

$$A \cap B = \{ \overset{3}{\boxdot} \} \quad A \text{ 和 } B \text{ 的交事件}$$

另外，假設全事件為 U，則

$$U = \{\overset{1}{⚀}, \overset{2}{⚁}, \overset{3}{⚂}, \overset{4}{⚃}, \overset{5}{⚄}, \overset{6}{⚅}\}$$

接著計算機率

$$\Pr(A \cap B) = \frac{|A \cap B|}{|U|}$$

$$= \frac{|\{\overset{3}{⚂}\}|}{|\{\overset{1}{⚀}, \overset{2}{⚁}, \overset{3}{⚂}, \overset{4}{⚃}, \overset{5}{⚄}, \overset{6}{⚅}\}|}$$

$$= \frac{1}{6}$$

$$\Pr(A)\Pr(B) = \frac{|A|}{|U|} \times \frac{|B|}{|U|}$$

$$= \frac{|\{\overset{1}{⚀}, \overset{3}{⚂}, \overset{5}{⚄}\}|}{|\{\overset{1}{⚀}, \overset{2}{⚁}, \overset{3}{⚂}, \overset{4}{⚃}, \overset{5}{⚄}, \overset{6}{⚅}\}|} \times \frac{|\{\overset{3}{⚂}, \overset{6}{⚅}\}|}{|\{\overset{1}{⚀}, \overset{2}{⚁}, \overset{3}{⚂}, \overset{4}{⚃}, \overset{5}{⚄}, \overset{6}{⚅}\}|}$$

$$= \frac{3}{6} \times \frac{2}{6}$$

$$= \frac{1}{2} \times \frac{1}{3}$$

$$= \frac{1}{6}$$

推得下式成立：

$$\Pr(A \cap B) = \Pr(A)\Pr(B)$$

因此，事件 A 和 B <u>互相獨立</u>。

## 補充

擲出 3 的倍數的機率是

$$\frac{|\{\overset{3}{\boxdot}, \overset{6}{\boxed{\vdots\vdots}}\}|}{|\{\overset{1}{\boxdot}, \overset{2}{\boxed{\cdot\cdot}}, \overset{3}{\boxdot}, \overset{4}{\boxed{::}}, \overset{5}{\boxed{\because}}, \overset{6}{\boxed{\vdots\vdots}}\}|} = \frac{2}{6} = \frac{1}{3}$$

另外加上擲出奇數的條件，擲出 3 的倍數的機率仍舊是

$$\frac{|\{\overset{3}{\boxdot}\}|}{|\{\overset{1}{\boxdot}, \overset{3}{\boxdot}, \overset{5}{\boxed{\because}}\}|} = \frac{1}{3}$$

換言之，擲出奇數的條件，並不影響擲出 3 的倍數的機率。直觀來說，這就是事件互相獨立的意思。

●問題 3-5（互相獨立）

討論投擲公正硬幣 2 次的試驗。請從下述①～④的組合中，舉出所有事件 A 和 B 互相獨立的組合。其中，硬幣的正反面分別標示 1 和 0，假設第 1 次擲出的數為 $m$，第 2 次擲出的數為 $n$。

① $m=0$ 的事件 A 與 $m=1$ 的事件 B

② $m=0$ 的事件 A 與 $n=1$ 的事件 B

③ $m=0$ 的事件 A 與 $mn=0$ 的事件 B

④ $m=0$ 的事件 A 與 $m \neq n$ 的事件 B

■解答 3-5

根據獨立的定義，下式成立則互相獨立

$$\Pr(A \cap B) = \Pr(A)\Pr(B)$$

否則不互相獨立。

① $m=0$ 的事件 A 與 $m=1$ 的事件 B
不互相獨立。因為

$$\Pr(A \cap B) = 0, \quad \Pr(A) = \tfrac{1}{2}, \quad \Pr(B) = \tfrac{1}{2}$$

所以

$$\Pr(A \cap B) \neq \Pr(A)\Pr(B)$$

② $m=0$ 的事件 A 與 $n=1$ 的事件 B
互相獨立。因為

$$\Pr(A \cap B) = \tfrac{1}{4}, \quad \Pr(A) = \tfrac{1}{2}, \quad \Pr(B) = \tfrac{1}{2}$$

所以

$$\Pr(A \cap B) = \Pr(A)\Pr(B)$$

③ $m=0$ 的事件 A 與 $mn=0$ 的事件 B
不互相獨立。因為

$$\Pr(A \cap B) = \tfrac{1}{2}, \ \ \Pr(A) = \tfrac{1}{2}, \ \ \Pr(B) = \tfrac{3}{4}$$

所以

$$\Pr(A \cap B) \neq \Pr(A)\Pr(B)$$

④ $m=0$ 的事件 A 與 $m \neq n$ 的事件 B
互相獨立。因為

$$\Pr(A \cap B) = \tfrac{1}{4}, \ \ \Pr(A) = \tfrac{1}{2}, \ \ \Pr(B) = \tfrac{1}{2},$$

所以

$$\Pr(A \cap B) = \Pr(A)\Pr(B)$$

答：②、④

●問題 3-6（互斥與互相獨立）

試著回答下述問題：

① 若事件 A 和 B 互斥，

　則可說事件 A 和 B 互相獨立嗎？

② 若事件 A 和 B 互相獨立，

　則可說事件 A 和 B 互斥嗎？

■解答 3-6

① 即便事件 A 和 B 互斥，也不可說兩者互相獨立。例如，在投擲硬幣 1 次的試驗中，擲出正面的事件 A 和擲出反面的事件 $B=\overline{A}$ 互斥，但不互相獨立。實際上，雖然 $Pr(A)=\dfrac{1}{2}$、$Pr(B)=\dfrac{1}{2}$，但 $Pr(A \cap B)=0$，所以

$$Pr(A \cap B) \neq Pr(A)\,Pr(B)$$

另外，解答 3-5 的① 也是互斥但不互相獨立的例子。

② 即便事件 A 和 B 互相獨立，也不可說兩者互斥。例如，在投擲硬幣 2 次的試驗中，第 1 次擲出正面的事件 A 和第 2 次擲出正面的事件 B 互相獨立，但兩者不互斥。另外，解答 3-5 的② 也是互相獨立但不互斥的例子。

## 補充

假設事件 A 和 B 皆不為空事件，此時，若事件 A 和 B 互斥，則絕不互相獨立。

因為事件 A 和 B 互斥，所以

$$\Pr(A \cap B) = 0$$

又事件 A 和 B 皆不為空事件，所以 $Pr(A) \neq 0$、$Pr(B) \neq 0$，

$$\Pr(A)\Pr(B) \neq 0$$

推得

$$\Pr(A \cap B) \neq \Pr(A)\Pr(B)$$

●問題 3-7（條件機率）

下述問題是第 2 章末的問題 2-3（p.83）。請用試驗、事件、條件機率等用語，整理並求解該問題。

依序投擲 2 枚公正的硬幣，已知至少 1 枚出現正面，試求 2 枚皆為正面的機率。

■解答 3-7

討論依序投擲 2 枚公正硬幣的試驗。事件 A 和 B 分別如下定義：

$$A = 「至少 1 枚出現正面的事件」$$
$$B = 「2 枚皆為正面的事件」$$

欲求的目標是，在發生事件 A 的條件下，發生事件 B 的條件機率 $Pr(B|A)$。

假設全事件為 u，則 $u$、A、$A \cap B$ 分別如下：

$$u = \{ 正正，正反，反正，反反 \}$$
$$A = \{ 正正，正反，反正 \}$$
$$A \cap B = \{ 正正 \}$$

因此，機率 $Pr(A)$ 和 $Pr(A \cap B)$ 分別如下：

$$\Pr(A) = \frac{|A|}{|U|}$$

$$= \frac{3}{4}$$

$$\Pr(A \cap B) = \frac{|A \cap B|}{|U|}$$

$$= \frac{1}{4}$$

使用兩者計算機率 $Pr(B|A)$：

$$\Pr(B \mid A) = \frac{\Pr(A \cap B)}{\Pr(A)} \qquad \text{由條件機率的定義得到}$$

$$= \frac{\frac{1}{4}}{\frac{3}{4}}$$

$$= \frac{1}{3}$$

答：$\dfrac{1}{3}$

●問題 3-8（條件機率）

討論將 12 張人頭牌充分洗牌後抽出 1 張牌的試驗。假設事件 A 和 B 分別為

$$A = 抽出♡的事件$$
$$B = 抽出 Q 的事件$$

試著分別求出下述的機率：

① 在發生事件 A 的條件下，
　發生事件 $A \cap B$ 的條件機率 $Pr(A \cap B | A)$
② 在發生事件 $A \cup B$ 的條件下，
　發生事件 $A \cap B$ 的條件機率 $Pr(A \cap B | A \cup B)$

■解答 3-8

　　根據條件機率的定義，使用下述機率來計算：

$$Pr(A \cap B) = \tfrac{1}{12}, \quad Pr(A \cup B) = \tfrac{1}{2}, \quad Pr(A) = \tfrac{1}{4}$$

① 

$$Pr(A \cap B \mid A) = \frac{Pr(A \cap (A \cap B))}{Pr(A)}$$ 由條件機率的定義得到

$$= \frac{Pr(A \cap B)}{Pr(A)}$$ 因為 $A \cap (A \cap B) = A \cap B$

$$= \frac{\frac{1}{12}}{\frac{1}{4}}$$

$$= \frac{1}{12} \times \frac{4}{1}$$

$$= \frac{1}{3}$$

②

$$Pr(A \cap B \mid A \cup B) = \frac{Pr((A \cup B) \cap (A \cap B))}{Pr(A \cup B)}$$ 由條件機率的定義得到

$$= \frac{Pr(A \cap B)}{Pr(A \cup B)}$$ 因為 $(A \cup B) \cap (A \cap B) = A \cap B$

$$= \frac{\frac{1}{12}}{\frac{1}{2}}$$

$$= \frac{1}{12} \times \frac{2}{1}$$

$$= \frac{1}{6}$$

答：① $\frac{1}{3}$ 、② $\frac{1}{6}$

**補充**

請注意 ① 和 ② 的大小關係：

① 在發生事件 A 的條件下，

發生事件 $A \cap B$ 的條件機率 $Pr(A \cap B \,|\, A) = \dfrac{1}{3}$

② 在發生事件 $A \cup B$ 的條件下，

發生事件 $A \cap B$ 的條件機率 $Pr(A \cap B \,|\, A \cup B) = \dfrac{1}{6}$

**換言之**

① 在已知抽出♡的前提下，

卡牌實際為♡Q 的機率 $Pr(A \cap B \,|\, A) = \dfrac{1}{3}$

② 在已知至少抽出♡或者 Q 的前提下，

卡牌實際為♡Q 的機率 $Pr(A \cap B \,|\, A \cup B) = \dfrac{1}{6}$

**由此可知**

$$Pr(A \cap B \,|\, A) > Pr(A \cap B \,|\, A \cup B)$$

其大小關係可能令人感到意外。因為比起

「抽出♡」

可能會覺得

「至少抽出♡或者 Q」

抽出♡Q 的可能性比較高。然而，實際上是「抽出♡」的條件機率比較大[1]。

---

[1] 此問題改自參考文獻 [11]《確率論へようこそ》。

# 第 4 章的解答

●問題 4-1（都呈現陽性的檢查）

檢查 $B'$ 是結果都呈現陽性的檢查（參見 p.154）。假設檢查對象 $u$ 人中，罹患疾病 $X$ 的比例為 $p$（$0 \leqq p \leqq 1$）。全員 $u$ 人做檢查 $B'$ 時的⑨～㉠人數，請使用 $u$ 和 $p$ 填滿表格。

|  | 罹患 | 未罹患 | 合計 |
|---|---|---|---|
| 陽性 | ⑨ | ⑩ | ⑨+⑩ |
| 陰性 | ⑪ | ⑫ | ⑪+⑫ |
| 合計 | ⑬ | ⑭ | $u$ |

■解答 4-1

因為檢查對象 $u$ 人中罹患疾病 $X$ 的比例為 $p$，所以未罹患的比例為 $1-p$

$$⑬ = pu, \quad ⑭ = (1-p)u$$

由於檢查 $B'$ 的檢驗結果總是呈現陽性，所以

$$⑨ = ⑬ = pu, \quad ⑩ = ⑭ = (1-p)u$$
$$⑪ = 0, \quad ⑫ = 0$$

因此，表格如下所示：

|  | 罹患 | 未罹患 | 合計 |
|---|---|---|---|
| 陽性 | $pu$ | $(1-p)u$ | $u$ |
| 陰性 | 0 | 0 | 0 |
| 合計 | $pu$ | $(1-p)u$ | $u$ |

●問題 4-2（母校與性別）

某高中某個班級的男女學生共有 u 人，他們畢業自 A 國中或者 B 國中。已知從 A 國中畢業的 a 人當中，有 m 位男學生，而從 B 國中畢業的女學生有 f 人。假設全班抽籤選出 1 位男學生，請以 u、a、m、f 表示這位學生畢業自 B 國中的機率。

■解答 4-2

根據題意，如下列出表格：

|  | 男學生 | 女學生 | 合計 |
|---|---|---|---|
| 畢業自 A 國中 | $m$ |  | $a$ |
| 畢業自 B 國中 |  | $f$ |  |
| 合計 |  |  | $u$ |

填滿空欄部分後，表格如下：

|  | 男學生 | 女學生 | 合計 |
|---|---|---|---|
| 畢業自 A 國中 | $m$ | $a-m$ | $a$ |
| 畢業自 B 國中 | $u-a-f$ | $f$ | $u-a$ |
| 合計 | $m+u-a-f$ | $a-m+f$ | $u$ |

因此，欲求機率是

$$\frac{\text{畢業自 } B \text{ 國中的男性}}{\text{男性}} = \frac{u-a-f}{m+u-a-f}$$

答：$\dfrac{u-a-f}{m+u-a-f}$

## 補充

填滿空欄部分的步驟如下：

① 畢業自 B 國中的學生 $=u-a$

② 畢業自 A 國中的女學生 $=a-m$

③ 女學生 $=$ 畢業自 A 國中的女學生 $+f=a-m+f$

④ 畢業自 B 國中的男學生 $=$ 畢業自 B 國中的學生 $-f$

$=u-a-f$

⑤ 男學生 $=m+$ 畢業自 B 國中的男學生 $=m+u-a-f$

●問題 4-3（廣告效果的調查）

為了調查廣告效果，詢問顧客：「是否見過這個廣告？」總共收到 $u$ 位男女的回應。已知 $M$ 位男性當中，有 $m$ 人見過廣告，而見過廣告的女性有 $f$ 人，請以 $u$、$M$、$m$、$f$ 分別表示下述的 $p_1$、$p_2$。

① 回應的女性當中，答覆未見過廣告的女性比例是 $p_1$
② 答覆未見過廣告的顧客當中，女性的比例是 $p_2$

假設 $p_1$ 和 $p_2$ 皆為 0 以上 1 以下的實數。

■解答 4-3

根據題意，如下列出表格：

|  | 男學生 | 女學生 | 合計 |
|---|---|---|---|
| 見過廣告 | $m$ | $f$ |  |
| 未見過廣告 |  |  |  |
| 合計 | $M$ |  | $u$ |

填滿空欄部分後，表格如下：

|  | 男學生 | 女學生 | 合計 |
|---|---|---|---|
| 見過廣告 | $m$ | $f$ | $m+f$ |
| 未見過廣告 | $M-m$ | $u-M-f$ | $u-m-f$ |
| 合計 | $M$ | $u-M$ | $u$ |

① 回應的女性當中，答覆未見過廣告的女性比例 $p_1$ 是

$$p_1 = \frac{未見過廣告的女性人數}{女性人數} = \frac{u - M - f}{u - M}$$

② 答覆未見過廣告的顧客當中，女性的比例 $p_2$ 是

$$p_2 = \frac{未見過廣告的女性人數}{未見過廣告的人數} = \frac{u - M - f}{u - m - f}$$

答：① $p_1 = \dfrac{u - M - f}{u - M}$、② $p_2 = \dfrac{u - M - f}{u - m - f}$

---

●問題 4-4（全機率定理）

關於事件 A 和 B，試證若 $Pr(A) \neq 0$、$Pr(\overline{A}) \neq 0$，則下述式子成立：

$$\Pr(B) = \Pr(A) \Pr(B \mid A) + \Pr(\overline{A}) \Pr(B \mid \overline{A})$$

---

■解答 4-4

　　根據是否屬於 A 來分類 B 的要素。

- B 的要素當中，
同時屬於 A 的所有要素集合是 $A \cap B$。

- B 的要素當中，

  不屬於 A 的所有要素集合是 $\overline{A} \cap B$

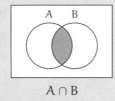 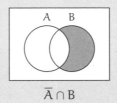

$A \cap B$　　　　　$\overline{A} \cap B$

因此，下式成立：

$$B = (A \cap B) \cup (\overline{A} \cap B)$$

由於兩事件 $A \cap B$ 和 $\overline{A} \cap B$ 互斥，所以使用機率的加法定理，可得

$$Pr(B) = Pr((A \cap B) \cup (\overline{A} \cap B))$$
$$= \underbrace{Pr(A \cap B)}_{①} + \underbrace{Pr(\overline{A} \cap B)}_{②}$$

又根據機率的乘法定理，可得

$$\begin{cases} ① = Pr(A \cap B) = Pr(A)\,Pr(B \mid A) \\ ② = Pr(\overline{A} \cap B) = Pr(\overline{A})\,Pr(B \mid \overline{A}) \end{cases}$$

因此，下式成立：

$$Pr(B) = \underbrace{Pr(A)\,Pr(B \mid A)}_{①} + \underbrace{Pr(\overline{A})\,Pr(B \mid \overline{A})}_{②}$$

（證明完畢）

## 補充

這題也可使用蒂蒂在第 4 章使用的表格圖形來討論：

$$\Pr(A)\Pr(B\mid A)+\Pr(\overline{A})\Pr(B\mid\overline{A})=\frac{\blacksquare}{\blacksquare}\,\frac{\blacksquare}{\blacksquare}+\frac{\blacksquare}{\blacksquare}\,\frac{\blacksquare}{\blacksquare}$$

$$=\frac{\blacksquare}{\blacksquare}+\frac{\blacksquare}{\blacksquare}$$

$$=\frac{\blacksquare}{\blacksquare}$$

$$=\Pr(B)$$

因此，可得

$$\Pr(B)=\Pr(A)\Pr(B\mid A)+\Pr(\overline{A})\Pr(B\mid\overline{A})$$

●問題 4-5（不合格產品）

已知 $A_1$、$A_2$ 兩間工廠生產同樣的產品，工廠 $A_1$、$A_2$ 的生產數比例分別為 $r_1$、$r_2$（$r_1 + r_2 = 1$）。另外，工廠 $A_1$、$A_2$ 產品的不合格機率分別為 $p_1$、$p_2$，請以 $r_1$、$r_2$、$p_1$、$p_2$ 表示從所有產品隨機抽選 1 個產品的不合格機率。

■解答 4-5

討論從所有產品隨機抽選 1 個的試驗，假設事件 $A_1$、$A_2$、B 分別為

$$A_1 = 「產品來自工廠 A_1 的事件」$$
$$A_2 = 「產品來自工廠 A_2 的事件」$$
$$B = 「產品不合格的事件」$$

由題意可知

$\Pr(A_1) = r_1$　（所有產品當中，產品來自工廠 $A_1$ 的比例）

$\Pr(A_2) = r_2$　（所有產品當中，產品來自工廠 $A_2$ 的比例）

$\Pr(B \mid A_1) = p_1$　（產品來自工廠 $A_1$ 的不合格比例）

$\Pr(B \mid A_2) = p_2$　（產品來自工廠 $A_2$ 的不合格比例）

由 $\overline{A_1} = A_2$ 可知，欲求機率 $Pr(B)$ 是

$$\begin{aligned}
\Pr(B) &= \Pr(A_1)\Pr(B\,|\,A_1) + \Pr(\overline{A_1})\Pr(B\,|\,\overline{A_1}) \quad \text{根據全機率定理}\\
&= \Pr(A_1)\Pr(B\,|\,A_1) + \Pr(A_2)\Pr(B\,|\,A_2) \quad \text{由 } \overline{A_1}=A_2 \text{ 得到}\\
&= r_1p_1 + r_2p_2
\end{aligned}$$

答：$r_1p_1+r_2p_2$

## 補充

這題也可假設所有產品數為 $u$，如下列出表格來討論：

| | 不合格產品 | 合格產品 | 合計 |
|---|---|---|---|
| 工廠 $A_1$ | $r_1p_1u$ | $r_1(1-p_1)u$ | $r_1u$ |
| 工廠 $A_2$ | $r_2p_2u$ | $r_2(1-p_2)u$ | $r_2u$ |
| 合計 | $r_1p_1u + r_2p_2u$ | $r_1(1-p_1)u + r_2(1-p_2)u$ | $u$ |

根據此表格，欲求機率 $Pr(B)$ 是

$$\Pr(B) = \frac{r_1p_1u + r_2p_2u}{u} = r_1p_1 + r_2p_2$$

這題也可使用表格直接從機率來討論：

| | $B$ | $\overline{B}$ | 合計 |
|---|---|---|---|
| $A_1$ | $r_1p_1$ | $r_1(1-p_1)$ | $r_1$ |
| $A_2$ | $r_2p_2$ | $r_2(1-p_2)$ | $r_2$ |
| 合計 | $r_1p_1 + r_2p_2$ | $r_1(1-p_1) + r_2(1-p_2)$ | $1$ |

因此，欲求機率 $Pr(B)$ 可如下求得：

$$\begin{aligned}
\Pr(B) &= \Pr((A_1 \cap B) \cup (\overline{A_1} \cap B)) \\
&= \Pr(A_1 \cap B) + \Pr(\overline{A_1} \cap B) \qquad \text{由加法定理（互斥的情況）得到} \\
&= \Pr(A_1 \cap B) + \Pr(A_2 \cap B) \\
&= r_1 p_1 + r_2 p_2
\end{aligned}$$

---

●問題 4-6（驗收機器人）

假設大量的零件中，滿足品質標準的合格品有 98%、不合格品有 2%。將零件給予驗收機器人，顯示 GOOD 或者 NO GOOD 驗收結果的機率如下：：

- 給予合格品的時候，
  有 90% 的機率驗收結果為 GOOD。

- 給予不合格品的時候，
  有 70% 的機率驗收結果為 NO GOOD。

已知隨機抽選零件給予驗收機器人，驗收結果為 NO GOOD，試求該零件實際為不合格品的機率。

---

■解答 4-6

列出表格，討論從所有零件中驗收 1 個的試驗，假設事件 G 和 C 是

G =「驗收結果為 GOOD 的事件」

C =「不合格品的事件」

由合格品的比例為 98%、不合格品的比例為 2%，可知

$$Pr(C) = 0.98, \quad Pr(\bar{C}) = 0.02$$

機率的表格如下：

|   | C | $\bar{C}$ | 合計 |
|---|---|---|---|
| G | 甲 | 乙 | 甲 + 乙 |
| $\bar{G}$ | 丙 | 丁 | 丙 + 丁 |
| 合計 | 0.98 | 0.02 | 1 |

依序計算甲、乙、丙、丁 的機率。

因為合格品有 90% 的機率呈現 GOOD，所以 $Pr(G|C) = 0.9$。

$$
\begin{aligned}
甲 &= Pr(C \cap G) \\
&= Pr(C)\,Pr(G \mid C) \quad \text{由乘法定理得到} \\
&= 0.98 \times 0.9 \\
&= 0.882
\end{aligned}
$$

由於 甲 + 丙 = 0.98，

$$
\begin{aligned}
丙 &= 0.98 - 甲 \\
&= 0.98 - 0.882 \\
&= 0.098
\end{aligned}
$$

因為不合格品有 70%的機率呈現 NO GOOD，所以 $Pr(\overline{G}\,|\,\overline{C}) = 0.7$

$$\text{①} = Pr(\overline{C} \cap \overline{G})$$
$$= Pr(\overline{C})\,Pr(\overline{G}\,|\,\overline{C}) \quad \text{由乘法定理得到}$$
$$= 0.02 \times 0.7$$
$$= 0.014$$

由於 ② $+$ ① $= 0.02$，

$$\text{②} = 0.02 - \text{①}$$
$$= 0.02 - 0.014$$
$$= 0.006$$

因此，機率的表格如下：

|  | C | $\overline{C}$ | 合計 |
|---|---|---|---|
| G | 0.882 | 0.006 | 0.888 |
| $\overline{G}$ | 0.098 | 0.014 | 0.112 |
| 合計 | 0.98 | 0.02 | 1 |

欲求的機率 $Pr(\overline{C}\,|\,\overline{G})$ 會是

$$Pr(\overline{C}\,|\,\overline{G}) = \frac{Pr(\overline{G} \cap \overline{C})}{Pr(\overline{G})}$$
$$= \frac{0.014}{0.112}$$
$$= 0.125$$

答：12.5%（0.125）

## 補充

這題可假設零件總數為 1000 個，如下列出表格來幫助理解：

|  | C | $\bar{C}$ | 合計 |
|---|---|---|---|
| G | 882 | 6 | 888 |
| $\bar{G}$ | 98 | 14 | 112 |
| 合計 | 980 | 20 | 1000 |

# 第 5 章的解答

●問題 5-1（二項式係數）

已知展開 $(x+y)^n$ 後，$x^k y^{n-k}$ 的係數等於二項式係數 $\binom{n}{k}$（$k = 0, 1, 2, \cdots, n$）。試由較小的 n 實際計算來確認。

① $(x+y)^1 =$

② $(x+y)^2 =$

③ $(x+y)^3 =$

④ $(x+y)^4 =$

■解答 5-1

① 展開 $(x+y)^1$：

$$(x+y)^1 = x + y$$
$$= 1x^1 y^0 + 1x^0 y^1$$

② 展開 $(x+y)^2$：

$$
\begin{aligned}
(x+y)^2 &= (x+y)(x+y) \\
&= (x+y)x + (x+y)y \\
&= xx + yx + xy + yy \\
&= x^2 + \underline{xy} + \underline{xy} + y^2 \\
&= x^2 + \underline{2xy} + y^2 \quad \text{相加同類項} \\
&= \boxed{1}x^2y^0 + \boxed{2}x^1y^1 + \boxed{1}x^0y^2
\end{aligned}
$$

③ 展開 $(x+y)^3$ 時可利用②：

$$
\begin{aligned}
(x+y)^3 &= (x+y)^2(x+y) \\
&= \underbrace{(x^2 + 2xy + y^2)}_{②}(x+y) \\
&= (x^2 + 2xy + y^2)x + (x^2 + 2xy + y^2)y \\
&= x^3 + \underline{2x^2y} + \underaccent{\sim}{xy^2} + \underline{x^2y} + \underaccent{\sim}{2xy^2} + y^3 \\
&= x^3 + \underline{3x^2y} + \underaccent{\sim}{3xy^2} + y^3 \quad \text{相加同類項} \\
&= \boxed{1}x^3y^0 + \boxed{3}x^2y^1 + \boxed{3}x^1y^2 + \boxed{1}x^0y^3
\end{aligned}
$$

④ 展開 $(x+y)^4$ 時可利用③：

$$(x+y)^4 = (x+y)^3(x+y)$$

$$= \underbrace{(x^3 + 3x^2y + 3xy^2 + y^3)}_{③}(x+y)$$

$$= (x^3 + 3x^2y + 3xy^2 + y^3)x + (x^3 + 3x^2y + 3xy^2 + y^3)y$$

$$= x^4 + \underline{3x^3y} + \boxed{3x^2y^2} + \underaccent{\sim}{xy^3} + \underline{x^3y} + \boxed{3x^2y^2} + \underaccent{\sim}{3xy^3} + y^4$$

$$= x^4 + \underline{4x^3y} + \boxed{6x^2y^2} + \underaccent{\sim}{4xy^3} + y^4 \qquad \text{相加同類項}$$

$$= \boxed{1}x^4y^0 + 4x^3y^1 + \boxed{6}x^2y^2 + 4x^1y^3 + \boxed{1}x^0y^4$$

## 補充

　　將 $(x^3+3x^2y+3xy^2+y^3)(x+y)$ 寫成直式計算，強調二項式的係數：

$$\boxed{1}x^3y^0 + \boxed{3}x^2y^1 + \boxed{3}x^1y^2 + \boxed{1}x^0y^3$$

$$\times \qquad\qquad\qquad \boxed{1}x^1y^0 + \boxed{1}x^0y^1$$

$$\boxed{1}x^3y^1 + \boxed{3}x^2y^2 + \boxed{3}x^1y^3 + \boxed{1}x^0y^4$$

$$\boxed{1}x^4y^0 + \boxed{3}x^3y^1 + \boxed{3}x^2y^2 + \boxed{1}x^1y^3$$

$$\boxed{1}x^4y^0 + \boxed{4}x^3y^1 + \boxed{6}x^2y^2 + \boxed{4}x^1y^3 + \boxed{1}x^0y^4$$

　　觀察係數可知，這跟 1331×11 是相同的計算[*2]。另外，相加同類項的計算，對應製作巴斯卡三角形時的加法。

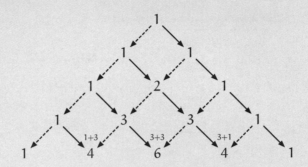

---

●問題 5-2（投擲硬幣的次數）

在前面對話中的「未分勝負的比賽」，已知 $A$ 剩餘 $a$ 分、$B$ 剩餘 $b$ 分獲勝。試問從該情況到確定獲勝者，尚須要投擲幾次硬幣？假設投擲硬幣的次數最少需要 $m$ 次、最多需要 $M$ 次，試以 $a$、$b$ 表示 $m$ 和 $M$。

其中，$a$ 和 $b$ 皆為 1 以上的整數。

■解答 5-2

投擲硬幣最少次數發生在，$A$ 或者 $B$ 連續得分獲勝的時候。因此，$m$ 會是 $a$、$b$ 中較小的數值（$a \neq b$ 時，$m$ 為較小的數值；$a = b$ 時，$m$ 為該數值本身）。換言之，

$$m = \begin{cases} a & (a \leq b \text{ 的時候}) \\ b & (a \geq b \text{ 的時候}) \end{cases}$$

這也可記為[*3] 　　　　　　$m = \min\{a, b\}$

投擲硬幣最多次數發生在，$A$ 和 $B$ 勝負膠著到皆剩餘 1 分獲勝，由最後 1 次投擲確定獲勝者的時候。因此，$M$ 是「$A$ 直到剩餘 1 分獲勝的次數 $a-1$」「$B$ 直到剩餘 1 分獲勝的次數 $b-1$」再加上 1：

---

[*3] min 是最小值（minimum value）的意思。

$$M = (a-1) + (b-1) + 1 = a + b - 1$$

答：$m = \min(a, b)$、$M = a + b - 1$

**補充**

使用座標平面上的點 $(x, y) = (a, b)$，描述 $A$ 剩餘 $a$ 分、$B$ 剩餘 $b$ 分獲勝的情況，並將從座標平面上的點 $(x, y)$ 移動至 $(x-1, y)$ 表達成「向左 1 步」；將從點 $(x, y)$ 移動至 $(x, y-1)$ 表達成「向下 1 步」。此時，$m$ 值是從點 $(a, b)$ 移動至 $(0, b)$ 或者 $(a, 0)$ 的步數最小值，而 $M$ 值是移動至點 $(0, 1)$ 或者 $(1, 0)$ 的步數。

例如，$a = 3$、$b = 2$ 的時候，實際確認 $m$ 和 $M$ 的數值。

從點 $(3, 2)$ 移動至點 $(0, 2)$ 需要 3 步，移動至點 $(3, 0)$ 需要 2 步，其中最小值為 2，的確是 $m = \min\{3, 2\} = 2$。

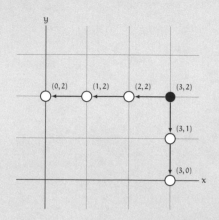

從點 $(3, 2)$ 移動至點 $(0, 2)$ 需要 3 步，
從點 $(3, 2)$ 移動至點 $(3, 0)$ 需要 2 步

　　另外，從點 $(3, 2)$ 移動到點 $(0, 1)$ 或者點 $(1, 0)$ 需要 4 步，也的確是 $M = a + b - 1 = 3 + 2 - 1 = 4$。從點 $(3, 2)$ 移動到點 $(0, 1)$ 或者點 $(1, 0)$ 時，肯定須要通過點 $(1, 1)$。點 $(1, 1)$ 對應勝負最膠著的情況。

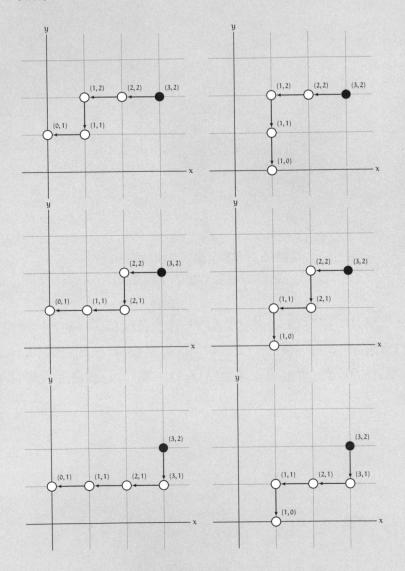

# 獻給想要深入思考的你

下面將提出全然不同的研究題目，獻給除了本書的數學對話之外，還想要深入思考的您。本書不會提供相關解答，而且標準答案不只一個。

請試著自己解題，或者找一些同伴一起來仔細思考。

# 第 1 章　機率 $\frac{1}{2}$ 之謎

●研究問題 1-X1（機率與相對次數）

在第 1 章中，討論了機率和相對次數。你也實際嘗試投擲硬幣，看看是擲出正面還是反面吧。請計數投擲硬幣 $M$ 次時擲出正面的次數（$m$），以 $M$ 為橫軸、相對次數（$\frac{m}{M}$）為縱軸來畫圖。

●研究問題 1-X2（進行模擬）

在第 1 章中，討論了投擲硬幣時下述兩者的差異（p.42）。

- 正反面擲出次數的「差值」
- 投擲次數中擲出正面次數的「比值」

請使用你熟悉的程式語言，編寫反覆輸出 0 或者 1 的亂碼生成程式，試著實際查看「差值」和「比值」如何變化。

●研究問題 1-X3（有關機率的敘述）

在第 1 章中，探討了「機率是 $\frac{1}{2}$」「每 2 次發生 1 次」的敘述。試著調查你身邊類似的描述，並探討該用法中的含義。在探討的時候，除了「該描述在數學上正確與否」外，也要考慮「該描述想要表達什麼概念」的觀點。

●研究問題 1-X4（「容易發生的程度」與「機率」）

在第 1 章中，比較了「容易發生的程度」和「機率」的關係，與「溫暖的程度」和「溫度」的關係（p.9）。在你的身邊周遭，是否也有類似關係的事物呢？試著找尋看看吧。

## 第 2 章　整體中占多少比例？

●研究問題 2-X1（以什麼為整體）

請試著探討新聞中的「百分比」是「以什麼為整體」，並將百分比轉換成具體的數量。例如，找到「商品 $X$ 的營收增加 30%」的描述後，調查這是以什麼為 100%時的 30%，將營收從「增加 30%」轉換成「增加多少元」。

●研究問題 2-X2（抽出牌組的機率）

在撲克牌的遊戲中，是以 5 張卡牌決定牌組。最強的牌組是同花大順，由相同花色的 10、J、Q、K、A 5 張卡牌組成。請計算充分洗牌 52 張卡牌後，抽選 5 張形成同花大順的機率。另外，請也試著計算其他牌組的機率。

●研究問題 2-X3（抽籤的順序）

已知 100 張籤條中含有 1 張「中獎」籤，100 位會員每人依序抽出 1 張，且抽出後不放回。試問早抽和晚抽的「中獎」機率是否會有不同？

●研究問題 2-X4（輪盤遊戲與安全裝置）

在「中獎」機率為 $\dfrac{1}{100}$ 的輪盤遊戲中，連續出現 10 次中獎的機率是

$$\underbrace{\frac{1}{100} \times \cdots \times \frac{1}{100}}_{10 \text{ 個}} = \frac{1}{100^{10}} = \frac{1}{1\underbrace{00000000000000000000}_{20 \text{ 個 } 0}}$$

假設某台機器裝有 10 個故障機率為 $\dfrac{1}{100}$ 的安全裝置，可說所有安全裝置皆故障的機率相同嗎？

$$\frac{1}{1\underbrace{00000000000000000000}_{20 \text{ 個 } 0}}$$

請討論什麼情況下相同、什麼情況下不相同？

## 第 3 章　條件機率

●研究問題 3-X1（反覆操作）

在第 3 章討論機率時，提到了反覆多次操作的前提（p. 90）。那麼，在探討僅發生 1 次的事物時，能夠討論機率嗎？僅發生 1 次的例子，可舉特定人物的誕生、特定日期特定場所的降雨等等。

●研究問題 3-X2（子集合與事件）

在第 3 章中，提到了將集合表達成事件的描述。集合 A 是集合 B 的子集合，若將 A 和 B 表達成事件，則事件 A 和 B 具有什麼樣的關係呢？

其中，所謂集合 A 是集合 B 的子集合，是指集合 A 中的任意元素，同時也屬於集合 B，記為[*1]

$$A \subset B$$

---

[*1] 有時也記為 $A \subseteq B$、$A \subsetneqq B$。

# 第 4 章　攸關性命的機率

●研究問題 4-X1（檢查複數次）

在第 4 章中，討論了檢查 1 次呈現陽性的情況。那麼，檢查複數次的情況會如何呢？

●研究問題 4-X2（全機率定理）

請證明一般化的全機率定理。

$$\Pr(B) = \Pr(A_1)\Pr(B \mid A_1) + \cdots + \Pr(A_n)\Pr(B \mid A_n)$$

其中，$n$ 個事件 $A_1$、……、$A_n$ 任選兩個皆為互斥，$A_1 \cup \cdots \cup A_n$ 等於全事件，$Pr(A_1)$、……、$Pr(A_n)$ 皆不為 0。

## 第 5 章　未分勝負的比賽

●研究問題 5-X1（3 顆骰子）

伽利略・伽利萊[*2] 曾經實際反覆投擲 3 顆骰子，測試「點數合計為 9 的情況」和「點數合計為 10 的情況」哪一種比較容易出現，並且計算了情況數。你也實際嘗試看看吧。

●研究問題 5-X2（偏差硬幣）

在第 5 章的「未分勝負的比賽」中，進行了投擲公正硬幣的比賽。若是使用偏差硬幣（擲出正面的機率不為 $\frac{1}{2}$ 的硬幣），該怎麼分配獎金呢？

---

[*2] Galileo Galilei（1564-1642）。

●研究問題 5-X3（機率與期望值）

在「附錄：期望值」（p.253）中，說明了隨機變數（由試驗結果決定數值的變數）與期望值。討論抽出中獎籤的機率為 $p$ 的試驗，假設隨機變數為 $X$，中獎時數值為 1、未中獎時數值為 0。此時，期望值 $E[X]$ 代表什麼意思呢[*3]？

●研究問題 5-X4（擺弄式子）

在第 5 章的解答 5-2（一般化的「未分勝負的比賽」）中，求得（參見 p.245）

$$P(a,b) = \frac{1}{2^n} \sum_{k=0}^{b-1} \binom{n}{k}$$

$$Q(a,b) = \frac{1}{2^n} \sum_{k=b}^{n} \binom{n}{k}$$

如同第 5 章的調查，請證明函數 $P$ 和 $Q$ 滿足下述關係：

$$P(a,b) = Q(b,a)$$

其中，$a$、$b$ 為 1 以上的整數，且 $n=a+b-1$。

# 後記

大家好，我是結城浩。

感謝各位閱讀《數學女孩秘密筆記：機率篇》。

本書圍繞著多樣話題，內容包含機率與容易發生程度的關係、相對次數與機率的差異、機率與集合的關係、條件機率、偽陽性與偽陰性、未分勝負的比賽、使用圖表討論機率等等。各位是否與女孩們一同愉快體驗了「機率的冒險」呢？

許多人不擅長處理機率的問題，期望各位讀者能夠透過本書，養成思考「以什麼為整體？」的習慣。

《數學女孩秘密筆記》系列，是以平易近人的數學為題材，描述國高中生們暢談數學的故事。

這些角色亦活躍於另一個系列《數學女孩》，那是以更深廣的數學為題材的青春校園故事。本書僅討論機率中的古典機率定義，而《數學女孩：隨機演算法》（參考文獻[5]）也涉及古典機率、統計機率以及現代數學常用的機率公設。

請繼續支持《數學女孩》與《數學女孩秘密筆記》這兩個系列。

日文原書使用 LaTeX2ε 與 Euler Font（AMS Euler）排版。排版參考了奧村晴彥老師所作的《LaTeX2ε 美文書作成入門》，繪圖則使用 OmniGraffle、TikZ、TEX2img 等軟體作成，在此表示感謝。

感謝下列各位與許多不具名的人們，閱讀執筆中的原稿，提供寶貴的意見。當然，本書中的錯誤皆為我的疏失，並非他們的責任。

安福智明、安部哲哉、井川悠祐、石宇哲也、
稻葉一浩、上原隆平、植松彌公、
大上丈彥（medaka-college）、大畑彌公、
岡內孝介、梶田淳平、木村嚴、郡茉友子、
杉田和正、統計先生、中山琢、西尾雄貴、
西原史曉、藤田博司、
梵天結鳥（medaka-college）、前原正英、
增田菜美、松森至宏、三河史彌、三國瑤介、
村井建、森木達也、森皆螺子、矢島治臣、
山田泰樹。

感謝 SB Creative 的野哲喜美男總編輯，一直以來負責《數學女孩秘密筆記》與《數學女孩》兩個系列。

感謝 cakes 網站的加藤貞顯先生。

感謝協助我執筆的各位同仁。

感謝我最愛的妻子與孩子們。

感謝各位閱讀本書到最後。

那麼，在下一本「數學女孩秘密筆記」再會吧！

結城 浩

# 參考文獻與書籍推薦

## 一般讀物

[1] キース・デブリン,原啟介訳,『世界を変えた手紙』,岩波書店, ISBN978-4-00-006277-0, 2010 年.

　　　介紹巴斯卡寄給費馬的書信,同時描述數學上機率概念的誕生與成長。（與本書相關的內容,包含「為勝負的比賽」）

[2] 結城浩,《數學女孩秘密筆記：排列組合篇》,世茂, ISBN：9789869456227,2017 年。

　　　學習排列、組合等情況數的讀物。（與本書相關的內容,包含集合與文氏圖、巴斯卡三角形、遞迴關係式等等）

[3] 結城浩,《數學女孩秘密筆記：統計篇》,世茂,ISBN：9789869480536,2017 年。

　　　圖表的詭計、偏差值、平均數、變異數、標準差、柴比雪夫不等式、假設檢定等,學習統計基礎知識的讀物。（與本書相關的內容,包含機率、相對次數、試驗與事件、期望值、巴斯卡三角形等等）

[4]　結城浩，《數學女孩秘密筆記：位元與二元》，世茂，
ISBN：9789865408398，2021 年。

透過十進位法與二進位法、位元型樣、pixel、位元演
算、2 的補數表示法、格雷碼、$\rho$ 函數、有序集合和布爾
代數等，學習有關電腦數學的讀物。（與本書相關的內
容，包含二項式係數、遞迴關係式、集合與文氏圖等
等）

[5]　結城浩，《數學女孩：隨機演算法》，世茂，ISBN：
9789866097898，2013 年。

以機率論探求隨機選擇的「隨機演算法」可能性的讀
物。（與本書相關的內容，包含機率定義、隨機變數、
期望值等等）

## 教科書、數學書籍

[6]　G・波利亞，蔡坤憲譯，《怎樣解題》，天下文化，ISBN：
9864177249，2018 年。

以數學教育為題材，講解如何解題的參考書。

[7]　黑田孝郎＋森毅＋小島順＋野崎昭弘ほか，『高等学校の確
率・統計』，筑摩書房, ちくま学芸文庫, ISBN978-4-480-0939
3-6, 2011 年.

統整高中檢定教科書和指導教材，1984 年由三省堂發行
的文庫書籍。透過具體範例和問題，說明基本的機率與
統計。（與本書相關的內容，包含機率定義、排列組
合、隨機變數、期望值等等）

[8] 平岡和幸＋堀玄,『プログラミングのための確率統計』,オーム社, ISBN978-4-274-06775-4, 2009 年.

針對非數學專家的人，講解機率與統計基礎的參考書。從「機率就是面積」講起，學習可廣泛應用的基礎知識。（本書的機率定義、試驗與事件，參考了相關內容）

[9] 小針晛宏,『確率・統計入門』,岩波書店,ISBN978-4-00-005157-6, 1973 年.

機率統計的教科書。（本書的機率定義、條件機率，參考了相關內容）

[10] A.コルモゴロフ＋ I.ジュルベンコ＋ A.プロホロフ,丸山哲郎＋馬場良和訳,『コルモゴロフの確率論入門』, 森北出版, ISBN978-4-627-09511-3, 2003 年.

由提出機率公設論的數學家，科摩哥洛夫所著述的機率論入門書。透過眾多的範例與簡易的問題，栩栩如生描繪機率的樣貌。（本書第 4 章及全機率定理，參考了相關內容）

[11] G.ブロム＋ L.ホルスト＋ D.サンデル, 森真訳,『確率論へようこそ』,シュプリンガー・ジャパン,ISBN978-4-431-71145-2, 2005 年.

透過求解典型的問題，掌握整個機率論意象的問題集。〔本書問題 3-8（p.144），參考了相關內容〕

[12] Prakash Gorroochurn, 野間口謙太郎訳,『確率は迷う』,共立出版, ISBN978-4-320-11339-8, 2018 年.

集結 33 道有關離散古典機率的歷史問題的數學書籍。〔本書的第 5 章，參考了問題 4「夏爾雪弗萊・德・梅

> 雷的問題 II：分配問題」；本書 p.39 由梨的疑問解答，參考了問題 13「達朗貝爾（D'Alembert）與賭徒的謬誤」所介紹的弱大數法則；本書的第 1 章，問題 14 有關機率定義的討論；本書的終章，參考了問題 28「生日問題」和問題 30「辛普森悖論（Simpson's Paradox）」〕

[13] RonaldL. Graham, DonaldE.Knuth, OrenPatashnik, 有澤誠＋安村通晃＋萩野達也＋石畑清訳,『コンピュータの数学第 2 版』, 共立出版, ISBN978-4-320-12464-6, 2020 年.

> 以求和為主題的離散數學參考書。（本書的二項式係數、離散的機率，參考了相關內容）

## 歷史與基礎概念

[14] パスカル, 原亨吉訳,『パスカル数学論文集』, 筑摩書房, ちくま学芸文庫, ISBN978-4-480-09593-0, 2014 年.

> 〔與本書相關的內容，包含數的三角形（巴斯卡三角形）與其應用〕

[15] ラプラス, 内井惣七訳,『確率の哲学的試論』, 岩波書店, 岩波文庫, ISBN978-4-00-339251-5, 1997 年.

> （本書的機率定義，參考了相關內容）

[16] A.N.コルモゴロフ＋坂本實訳,『確率論の基礎概念』, 筑摩書房, ちくま学芸文庫, ISBN978-4-480-09303-5, 2010 年.

> （本書的機率定義、試驗與事件、集合與事件，參考了相關內容）

# 索引

# Note

國家圖書館出版品預行編目（CIP）資料

數學女孩秘密筆記. 機率篇/結城浩作；
衛宮紘譯. -- 初版. -- 新北市：世茂出版有限公司，
2022.04
　　面；　公分. --（數學館；42）
ISBN 978-986-5408-83-1（平裝）

1.CST: 數學　2.CST: 通俗作品

310　　　　　　　　　　　　　　111001429

數學館 42

# 數學女孩秘密筆記：機率篇

作　　　者／結城浩
譯　　　者／衛宮紘
主　　　編／楊鈺儀
責任編輯／陳美靜
封面設計／林芷伊
出 版 者／世茂出版有限公司
地　　　址／（231）新北市新店區民生路 19 號 5 樓
電　　　話／（02）2218-3277
傳　　　真／（02）2218-3239（訂書專線）
劃撥帳號／ 19911841
戶　　　名／世茂出版有限公司 單次郵購總金額未滿 500 元（含），請加 80 元掛號費
酷 書 網／ www.coolbooks.com.tw
排版製版／辰皓國際出版製作有限公司
印　　　刷／世和彩色印刷有限公司
初版一刷／ 2022 年 4 月

Ｉ Ｓ Ｂ Ｎ／ 978-986-5408-83-1
定　　　價／ 450 元